花
千
樹

生態欣賞與認識

第二增訂版

梁永健 編著

目錄

第一章　生態旅遊規劃與管理

第二章　短途路線

第三章　中等難度路線

第四章 長途路線

第五章 生態點滴

編者的話

看過這樣的一齣戲：主角經過多重波折，終於完成了小說。最後主角與友人奔跑到書店，一同見證小說的出版。

此書初版（原書名《綠色香港──生態欣賞與認識》，二〇〇五年十二月出版）由十多位編繪人員合作而成，大家均出身自一非牟利環境教育團體，有豐富的環境教育經驗及專業知識。維持一個非牟利團體並非容易的事，尤其當時大家還是大學生和剛踏入職場的畢業生。大家拿出的不只是時間，更是一顆熾熱與堅定的環保心。當時香港有很多綠色團體，當中有不少在背景或性質上與我們很相似。但在芸芸團體中，能達致自給自足的，真是寥寥無幾──這是我們引以為傲的地方。做夢也想不到，竟能夠出版書籍，驚訝之餘，也發覺我們的努力沒有白費。這個對我們有力的肯定，使一次綠色之旅隨之展開。

為了做好這本書，數月之間馬不停蹄地與朋友四出一起尋訪新路線，當中也發生了很多難忘的經歷。荔枝窩的雞粥、聖誕前夕的分流迷路記、船灣的大長征、逢星期二的「決鬥」……這些事都豐富了這本書的意義。我希望這本書也能助你與家人、友人製造出同樣難忘的回憶。其實，欣賞大自然不一定需要長途跋涉的，我們特別為大家介紹了數條城市中的路線，希望大家知道你我身邊已有很多十分值得欣賞的事物。

踏足更多地方，對香港的認識加深了。滿足之餘，也不禁慨嘆許多動植物、文化和文物都因沒有受到適當關注而受到破壞或悄悄地消失：大嶼山的舊村校、荔枝窩的魚藤、沙羅洞的濕地、大澳的大塱與橫水渡……究竟是發展的力量勢不可擋，或是我們根本不懂得珍惜眼前物？當往日舊事只能存活在記憶中，實是令人唏噓。

《生態欣賞與認識（第二增訂版）》新增了不少高空照片，讓你從宏觀、立體的角度了解身處的環境，也明白人類的確非常渺小。這意念是十五年前的科技無法讓我們實行的。年月也增潤了我們對大自然的知識，所以本書在新增照片之餘，也對一些環境科學概念加入了全新的看法，例如多用紙張反而可以促進森林保育？因公事所需，過去有一段頗長的時間我與瀕危的鱟（又稱馬蹄蟹）朝夕相對，所以特別寫了一篇有關鱟的文章，希望你也會對牠加以留意。

　　十五年匆匆過去，劇中的書店早已不在，我們再也不是初出茅廬的大學生，但我們對大自然的關愛卻未有改變。我們當中有的投身其他環保團體，繼續其環境教育工作；有的站在最前線，為保育香港的動植物而努力；有的成了教育工作者，向青年人傳遞自然科學的知識；有子女的，也以身作則，向下一代灌輸節約資源的概念。

　　我深信這本書必定能令更多人懂得保護大自然、關注文化文物保育和珍惜身邊的事物。當你在看這書的時候，戲中的劇情早已在我身上發生了。我把這本書獻給關愛大自然的你。來加入我們的綠色之旅，一同在大自然留下你的足印吧！

梁永健

二〇二〇年七月

生態欣賞與認識

第一章

生態旅遊規劃與管理

準備展開綠色之旅，
做一位負責任的生態旅客

歡迎參加這趟綠色之旅！出發前請先仔細閱讀以下事項：

一、書中地圖只顯示主要地標，並非依準確比例繪製。計劃行程時，請參閱標準的郊遊圖或地形圖。以下為書中地圖的圖例：

| 巴士站 | 小巴站 | 洗手間 | 涼亭 | 港鐵站、
輕鐵站、
纜車站 |

二、交通班次或有改動，出發前請從互聯網或致電有關機構查詢最新安排。

三、路線介紹後的生態、文化、風景及難度指數以五粒★為最高評級。計劃行程時，不妨參考這些指數，以配合參加者的興趣及體能。為了方便讀者選擇，二十七條路線按路程長短和難度分為三組。

四、書中部分路線可參閱《生態悠悠行（增訂版）》。欲深入了解生態系統和城市發展，可參閱《與孩子一起上的十三堂自然課》和《城市發展的爭

議——城市、可持續發展與生活素質》。

　　五、注意安全。出發前查閱潮汐漲退時間、日出日落時間、天氣狀況、路線狀況等，並帶備必需用品和食水；長途旅程更要有完善的行程計劃和充足裝備。切勿騷擾野生動物。觀賞生態時容易忘形，留意潛在危險，例如濕滑的山澗、陡峭的山坡、不知不覺的漲潮、突如其來的洪水或海浪等。

　　六、沿途不斷發掘新鮮事物，試試挑戰每條路線介紹後的「考考你」題目！記著要發揮觀察力，不要依賴或局限於本書所介紹的。

　　七、本書提及野生植物的食用價值或醫藥功效，目的是介紹該植物的特性。某些植物與另一些外形相似，欠缺專業知識和經驗者不易辨認，切勿嘗試採摘食用。

　　八、參與具有專業知識的生態導遊帶領的導賞活動，使旅程更安全和更富教育意義。

　　生態旅遊（ecotourism）有別於一般旅遊，前者讓參加者領略大自然的可貴，鼓勵他們身體力行，最終達致保育大自然的目的。「體驗、認識、欣賞、保育」是生態旅遊的四部曲。只有親身體會，才能對大自然有多一分認識，欣賞其可貴之處，繼而作出保育。

據國際自然和自然資源保育聯盟（IUCN）特別顧問謝貝洛斯•拉斯喀瑞（Ceballos-Lascurain）於一九八七年提出的定義，生態旅遊是指「到相對未受干擾或未受污染的自然區域旅行，有特定的主題，以學習、體驗或欣賞其中的景物及野生動  植物，同時以關心區內過去及現在的文化特色為目標。在創造經濟機會及對當地居民帶來經濟效益的同時，能達到資源保育及保護的目的」。可見生態旅遊除了以自然為本外，歷史文化亦是重要元素之一。

「除了腳印，什麼也不可留下；除了回憶，什麼也不可帶走」是生態旅遊的大原則。探索大自然奧妙時，請緊記我們只是一個客人。大自然是各種動植物共同擁有和分享的，於大自然作客時，請緊記做一個負責任的生態旅客：

一、 乘搭公共交通工具前往目的地。

二、 不要傷害任何動植物——萬物皆有其生存權利。

三、 多發問，多嘗試——只有互動的旅程才能帶來樂趣和意義。

四、 減少浪費——帶備毛巾，購買簡單包裝的食物和飲品。

五、 把廢物帶回市區拋棄——市區有較完善的廢物處理系統。別忘了把可回收的廢物放進回收箱！

六、 放下煩惱，盡情探索大自然！

去旅行——生態旅遊

「生態旅遊」這名字越來越流行，街頭巷尾總有人提及什麼人在什麼時候參與了什麼機構舉行的什麼生態旅遊。這麼多的「什麼」，但大家知道生態旅遊是什麼嗎？

走到大自然就是生態旅遊？

大家總以為一團人走到大自然，看看花，摸摸草，涉涉水，身體力行接觸大自然就是生態旅遊。其實這只是其廣闊定義中的一小部分。也有人認為生態旅遊是一種通識教育，不但涉及動植物，連天文地理、物理化學、社會

經濟、歷史文學等都有關連。當然對於普羅大眾，最重要的是可以在生態旅遊中找到一點點的快樂。

生態旅遊的三角關係：自然、經濟與文化傳承

有些情況下，生態旅遊也會被叫作綠色旅遊，或可持續發展旅遊。廣義來說，生態旅遊的目的地是大世界，並不是大自然。生態旅遊的意義根本不止於大自然的綠色天地，更在於其孕育的多元文化——一種人與自然互動產生的文化。我們不單要學會欣賞地球的無限能力和威力，更應佩服人類的適應和征服能力。我們可以透過不同的方式去確保這種文化和當地生態能夠長遠發展，這就是生態旅遊真正的意義了。

生態旅遊更是一種薪火相傳的過程。希望透過這些經歷教育人們欣賞文化和生態，期盼這種態度能傳承到下一代。我們鼓勵一家老幼參與生態旅遊，感受只有在大自然獨有的和諧，了解到大自然也是網絡、電子娛樂以外的消閒好去處。父母與孩子一同接觸大自然，不僅孩子見識廣博了，親子話題亦增加了。

發展生態旅遊是大勢所趨

　　也許生態旅遊的真義很複雜，既要把對當地文化與環境的衝擊減到最小，又要追求經濟效益以回饋原居民作長遠發展，同時也要給予旅客滿足感。世界上一些充滿天然資源或有特別生境的地方，例如馬來西亞的熱帶雨林，生態旅遊是這些國家的經濟支柱，維持國民生活穩定。矛盾的是，這些富獨特生態資源的地方，往往又是最受人騷擾的地方。要透過生態旅遊來達致保育，又是否透過出售入場票可以達到呢？

　　香港有多元的文化遺產和自然生境，麻雀雖小，五臟俱全。既有數百年歷史的圍村文化，更有高山、河溪、海岸、林木、濕地等生態系統。如果政策得宜，不但可吸引外地自然文化愛好者來港，更可提升本地人對生態的了解，讓參加者反省人與大自然的關係，也增加他們對可持續發展的認識。

▲▲ 荔枝窩

　　旅遊有很多種不同方式，而一種可持續發展的方式，應該是既能合理消耗現有資源，又不破壞下一代所能使用的額份。要達致這個目標，最理想就是讓我們透過生態旅遊，真真正正融入這大世界當中，既推動當地經濟發展，又能保育自然。

延伸思考　　規劃生態旅遊時，不妨從參加者的興趣、年齡和體力作考慮，再配合路線介紹後的「旅程資料」選出合適的地點。

生態旅遊與金錢掛鉤？

　　生態旅遊要兼顧自然環境、經濟發展及文化傳承這三大要素，滿足參加者需求同時，也要令此三大要素有長遠發展。這解釋了為何生態旅遊有別於一般富商業味道的旅遊模式。

生態旅遊也要經濟支援

　　每當提及生態旅遊，人總多著眼於環境。但事實上經濟元素往往是發展生態旅遊的一大重點。有經濟支持，生態旅遊的地點才有更充足資源改善設施，吸引更多遊客；當地居民亦可透過出售工藝品或當上導賞員賺取收入維持生計，不至於為兩餐溫飽而放棄環境保育和文化傳承。

▲▲ 工藝品？

▲▲ 這是紀念品還是動物屍體？

東南亞蝙蝠的故事

然而物質主義下，人們不再甘於兩餐溫飽，更希望得到物質生活。為追求經濟利益，商業元素往往滲進了生態旅遊。近年生態旅遊出現泛工藝品文化，一些生態旅遊景點出售集體生產的「工藝品」，令原來具地方色彩的紀念品成為「到訪必購」的商品；而一幕又一幕的民族歌舞表演更成為招徠方式，令當地文化受制於經濟利益之下，失去其個性。

過去前往馬來西亞考察時，亦深切體會這種狀況。想不到一個以多元蝙蝠品種作賣點的生態旅遊熱門地，竟然出售其「賣點」的標本予遊客。除了蝙蝠，更有毒蛇和蜈蚣標本！若無適當監管，不消幾年，大家真的只能從標本中看到這些動物了。

少數民族的歌舞

筆者亦曾到內地參觀一個少數民族村落。為了保存當地文化，政府不但修葺原有建築群，更刻意安排表演予遊客欣賞。然而與表演者傾談後方發現每天

▲▲ 很多參加者在泥灘上遊玩

表演的收入足以令他們放棄原有的茶葉種植工作。雖然生態旅遊的發展可令當地人生活富足，但原有的種茶文化卻漸漸被遺忘，箇中的因果關係，值得反思。究竟是生態旅遊提升了當地少數民族的生活素質，還是扼殺了他們的文化？

取得平衡最為重要

環境、文化和經濟三者在生態旅遊中有著同樣比重，不可只顧其中一項。可惜現今的生態旅遊往往鼓勵消費，產生污染和浪費，對環境構成莫大影響。例如大量繁殖一些珍貴動植物以牟利，結果破壞生態平衡。如此下去，發展生態旅遊只會適得其反。

當我們參與生態旅遊時，要緊記「除了足印，什麼都不可留下；除了回憶，什麼都不可帶走」的原則，避免在不知不覺間對大自然產生佔有慾，拿取動植物作紀念品。這不但改變了生態旅遊的原意，也破壞了大自然。生態旅遊並非只是一種生財工具，而是推廣環境保育訊息、文化傳承的好途徑。

▲▲ 這是生態旅遊的原意嗎？

延伸思考

參與生態旅遊時，有發現文中所提及的情況嗎？你如何透過行動實踐生態旅遊的真正意義？你認為在生態旅遊景點的商人怎樣看待生態旅遊這回事？

生態導遊日記

七月二十日　星期二

　　夏日百花盛放，各種昆蟲雀鳥紛紛出沒，實在是欣賞大自然的最佳時機。作為一位生態導遊，首要工作是把自然美妙之處向參加者展現。

　　今天晚上一直下著毛毛細雨，不知明天行程會不會受到影響呢？看看天氣預報：多雲有雨——準備裝備時別忘了雨具啊！大自然變幻莫測，為了安全，地圖、指南針、急救包、通話機、萬用刀，一樣都不能少。時間尚早，休息前還可以多看

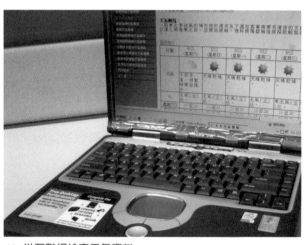

▲▲ 從互聯網檢查天氣資料

一點點生態資料啊！雖然已經踏足大嶼不下三十次，但重溫一遍資料還是必要的。生態導遊是大自然代言人，是大自然教室中的導師，解說的資訊又豈容有誤呢？

七月二十一日　星期三

天公造美！太好了！還是再查看一遍天氣報告較為穩妥。一切準備就緒，汽車在快速公路上奔馳，目的地就在眼前。看見熟悉的風景，想起友人曾問：「常常到同一地方，不覺得厭倦嗎？」厭倦？又怎會呢？生態導賞工作有趣之處，在於每次皆有新發現。整體景觀也許不變，但路旁小花野草肯定次次不同。常常踏足，才使我對大蠔這地方有更深切的了解。而且每次也有不同的參加者，發問不同的問題，工作充滿挑戰。

一如以往，我在原定集合時間前十五分鐘抵達，與同事會合和商討行程安排。因為今天的參加者大部分是小孩，我們選了一條較短的路線。夏天天氣炎熱，我們也安排了多一些休息時間。參加者來了！他們一行二十人，剛好可分為兩小組。「湯黎哥哥！」「不是呀～是 Tony。」笑著笑著，我們朝大蠔進發。

路途上我向孩子們介紹了不同的植物。見他們對果樹尤其有興趣，我趁機當上大自然與孩子間的「中間人」，引領他們嗅樹葉、摸樹皮，體驗這些在城市甚少做的事，希望他們認識大自然與日常生活的密切關係後，能對大自然多一分關愛。一隻色彩斑斕的蝴蝶飛近，正想請孩子欣賞之際——「哇！！」一位男孩驚叫起來，彷彿蝴蝶是什麼怪物似的。畢竟，環境教育不是一朝一夕能奏效的事。

邊走邊說，大夥兒很快就走到河口。坐在河岸上，我們看著彈塗魚表演「水上飄」絕技。看得入神，一個小女孩把水壺也掉到河裡去了。她把半個小身軀伸到河上，去拾回那載浮載沉的水壺，再差一點就掉到水裡。情況危急，我一手把孩子拉回來，再協助她拾回水

▲ 嗅樹葉、摸樹皮

▲▲ 彈塗魚

▲▲ 在河岸看彈塗魚

壺。打從旅程開始,直至解散一刻,生態導遊都需要保持高度警覺,以應付突如其來的危機。對於年幼的參加者,我們更要時刻留意他們的一舉一動,確保他們全都在視線範圍內活動。誰說生態導遊的工作只是說說笑笑?

回程時,一位小孩拉著我的手——一種莫名的感覺由此而生。拉著小手,我感到這小孩從旅程中領略到什麼似的。這種感覺,是一種很奇妙的感覺,彼此似乎在短短的一個旅程中建立了一份情誼。看著汽車駛離,孩子們俯在車窗向我們揮手道別。我不期望他們記著我的名字,只盼他們會記得我們今天在大自然的體驗。

延伸思考

生態旅遊在於讓參加者體驗大自然。你認為生態導遊應該如何引領參加者投入大自然呢?

生態導遊心聲

記得當初加入生態導遊的行列時，和很多人一樣有著很大的抱負：希望為大自然作出貢獻，希望每一個參加生態旅遊的人都學會珍惜這片土地，用「心」去欣賞和愛護它。我覺得這是一份很有意義的工作。

可是實際當上後才開始發現和想像的不一樣。「這就是樟樹了。只要你揉碎它的葉子，便能嗅到陣陣的樟腦味。」這時候，參加者多會隨意採下樹上的新鮮葉子來嘗試，而不是拾起落葉。勸籲他們別這麼做的時候，部分參加者會因此不快，結果整個旅程的氣氛也受到影響。

▲▲ 生態導遊訓練的情況

又有一次在大蠔作導賞時，一位孩子只顧用樹枝拍打螞蟻，無論怎樣勸阻也無效。這時候，我開始對生態導遊這份工作的使命感到有所保留了。生態旅遊就是這麼「兵行險著」：生態導遊把大自然的大門打開，引領參加者接觸；但同時又把大自然的稀世珍

▲▲ 樟葉

寶展示於人前。世上總有些人，不論成年人還是小孩子，對大自然充滿佔有慾。當中一些人甚至透過騷擾野生動植物而產生征服感。生態旅遊到底是保護環境還是破壞環境呢？難怪一些前輩即使知道某些地方存有罕見動植物，都會選擇秘而不宣，或者只用圖片向參加者展示。

後來的一次經歷令我明白生態導遊的價值。那一次，參加者是一群學生，我沿途介紹植物時，他們不但留心聆聽，還發問了很多問題；旅程完結時，學生更向老師承諾以後一定會好好愛護大自然。我的工作並沒有白費。

生態導賞時，向參加者介紹動植物都是其次，最重要的是令參加者體會大自然的奧妙，繼而與大自然建立情誼。如果每一個參加者都和上述的學生一樣，那對大自然來說實在是個好消息。生態導遊擔當著大自然和參加者的中間人，要令參加者明白日常生活對大自然造成什麼破壞，希望他們感同身受，也讓他們了解破壞後對自身造成的影響。

經驗日增，現在要介紹樟樹時，我會先讓參加者拾起地上的樟葉才開始介紹。如果仍然有參加者採摘樟葉，我會告訴他葉子對植物的重要性，希望改變他看待大自然的態度。另一方面，我會多讓參加者欣賞和發掘大自然美麗、有趣的地方。希望每個人都能由心看待大自然，讓環境變得更美好。

參考資料

海下灣設有由漁護署提供的免費生態導賞團，是接觸生態旅遊的好機會。詳情請瀏覽漁護署網頁。

生態欣賞與認識

第二章
短途路線

大澳

美麗的水鄉

　　走出都市，來到大澳，這裡擁有源遠流長的歷史，散發著濃厚的水鄉氣息。香港的另一面就展現在你眼前，好好享受吧！

鹽田

　　大澳位於大嶼山的西北角，面向珠江。大澳四周的山各有名堂：虎山、獅山和象山。她的歷史最早可追溯至漢朝，當時已有人在此定居。及至宋朝，

漁民開始聚居，除捕魚外，當時大澳另一項重要的經濟活動便是曬鹽。在清朝乾隆年間，居民以大麻石築起護鹽圍（俗稱大壆），以抵擋海水湧入鹽田及大澳。不過，隨著大澳發展，這條擁有近三百年歷史的護鹽圍已失去當日的功

▲ 由鹽田改建而成的人工紅樹林

能，如今成為一個欣賞日落的好地方。

▲ 大壆內的人工紅樹林

鹽田是產海鹽的地方。生產方法是把海水引入鹽田，在太陽照射下，部分海水蒸發（evaporation），海水中的含鹽量相對提高。接著把這些海水引入另一塊鹽田再曬。如此經過七至九次，最後一塊鹽田中的海水含鹽量最高。此時，把鹽種（即一般的鹽）投入水中，誘發海水中的鹽結晶（crystalize）。遇上炎熱和大風的時節，海水蒸發速度較高，產鹽的速度更快。在大壆附近的一片紅樹林（mangrove forest），是人工種植的。興建新機場時，赤鱲角島上原有的紅樹林被砍伐。當局在大澳人工種植紅樹以補償工程中的損失。雖然這片紅樹是人工種植，但仍吸引了不少水鳥（waterbird）來臨覓食棲息。

▲▲ 大澳涌橋

▲▲ 出售漁獲

從橫水渡到吊橋

　　沿著大澳永安街轉入大澳街市街，沿途都見到漁民在出售漁獲。走運的話，還有機會看到鱟（馬蹄蟹，horseshoe crab）等罕見海洋生物呢！要到大澳，你必定會經過大澳涌橋。這吊橋在一九九六年九月落成啟用，橫跨大澳涌，連接著大澳島和大嶼山。為方便船隻出入，吊橋採用了摺合式設計。你知道吊橋建成前居民與遊客是

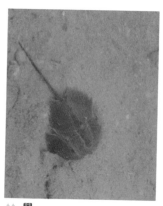

▲▲ 鱟

怎樣出入大澳嗎？當時人們需要乘搭一種靠人力拉著繩纜的舢舨。隨著大澳涌橋的落成，這種叫「橫水渡」的交通工具也完成其歷史使命了。

▲▲ 彈塗魚

關帝古廟

在街道穿插遊蕩，一邊品嚐大澳的特色街頭小吃，一邊感受大澳的風情。位於吉慶後街的關帝古廟，是大澳歷史最悠久的廟宇。此廟建於明朝，足足有五百年歷史之久。廟內存有不

▲▲ 關帝古廟

同年代的重修碑記，甚具考古價值。與其他廟宇一樣，廟內亦設有「中門」。中門的設立據傳說是供神靈出入。所謂入鄉隨俗，下次當你進入廟宇時，也緊記不要走錯門了。

▲▲ 曬蝦乾

棚屋的生活

在吉慶街上，你會看到大澳樸素的一面。居民在路旁曬蝦乾，用作下廚宴客；老婆婆在家門前炸魚皮，這會否是孫兒的小吃？黃昏時分，窗戶偶然飄出一縷煙。從大街走到棚屋，你

可窺探村民的生活模式，斗笠、漁網等工具有條不紊地放在一角，我們彷彿回到漁村年代。

▲▲ 斗笠和漁網

▲▲ 曬魚乾

▲▲ 曬衣

棚屋又稱水棚或葵棚，已有二百年歷史，因其建築方法如搭戲棚而得名。以前棚屋是用葵葉和木板搭建；今天則主要用鐵皮作為材料。在搭建棚屋時，多會建個棚頭或棚尾，形式就像今天我們的露台，作為乘涼聊天、修補漁具和曬鹹魚之用。從前，海水水位還低的時候，居民還可以在棚屋養豬呢！二○○○年七月二日凌晨，一場四級大火把大澳一百四十多所棚屋焚毀。經過多年的重建，今天的棚屋已重現昔日的氣象。將來，在城市發展的洪流中，要保護這些「活藝術」，同時又得保住風土人情，似乎是大澳的一大挑戰。

▲▲ 棚屋

▲▲ 新基大橋

▲▲ 廢物堆滿岸邊

　　橫過新基大橋，在新基道上走，沿岸都是紅樹。但你又可會留意到除了天然的紅樹以外，還有很多人為的東西，如膠瓶、鋁罐、小食包裝等？我們在置身自然的同時，是否又應該對大自然負上一份基本的責任？隨便拋棄廢物，不但令遊客卻步，也影響了當地居民的生活。即使是附近沒有垃圾箱或回收箱，我們也應暫時把廢物留起來。試想想，你願意住在廢物堆旁嗎？留意一下垃圾的包裝和品牌，你認為全部垃圾都是源自本地嗎？面對不同的污染源，我們又有何對策？

楊侯古廟

　　楊侯古廟就座落在對岸。這古廟建於康熙三十八年（一六九九年），供奉著宋末名將楊亮節（侯王）。宋末，楊亮節因護帝至大嶼山有功，他病逝後

▲▲ 楊侯古廟

獲建廟紀念。在香港，除了大澳的侯王廟外，東涌灣（見本書〈東涌—大澳〉一文）、屏山和九龍城亦有侯王廟供奉楊亮節（見本書〈屏山〉一文）。在大澳侯王廟內還存放著漁民捕得的鯨魚脊骨和鋸鯊魚嘴。

　　看！一隻小艇正載著遊客到海上遊覽。大澳附近的水域曾是中華白海豚（印度太平洋駝背豚，*Sousa chinensis*, Chinese White Dolphin）的棲息地，一些商人便利用快艇向遊人提供觀豚活動。這些觀豚活動令我們更認識中華白海豚，並培養保育意識。可是，快艇的行駛速度頗高，海豚或會因走避不及而受傷。當我們在放開懷抱，投入大自然時，也要細心考慮活動性質。注意個人安全之外，也要考慮活

▲▲ 快艇

動對環境和動植物的影響。不過，近年中華白海豚的數量大跌，由二〇一一／二〇一二年八十八條下降至二〇一八／二〇一九年三十二條。這種下跌相信與近年該海域的工程有關。海豚數量的下跌又會否影響這些觀豚活動經營者的生計？這事例正突顯經濟與自然保育之間存在密不可分的關係。大嶼山附近水域的工程的確創造了不少就業機會和長遠經濟效益，但那邊廂又令另一些人失去了收入。

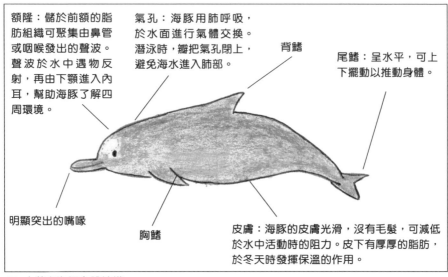

額隆：儲於前額的脂肪組織可聚集由鼻管或咽喉發出的聲波。聲波於水中遇物反射，再由下顎進入內耳，幫助海豚了解四周環境。

氣孔：海豚用肺呼吸，於水面進行氣體交換。潛泳時，瓣把氣孔閉上，避免海水進入肺部。

背鰭

尾鰭：呈水平，可上下擺動以推動身體。

明顯突出的嘴喙

胸鰭

皮膚：海豚的皮膚光滑，沒有毛髮，可減低於水中活動時的阻力。皮下有厚厚的脂肪，於冬天時發揮保溫的作用。

▲▲ 中華白海豚身體結構

大澳從往日的漁村鹽田，發展至今天一個頗有特色的旅遊點。獨特的風土人情和歷史使她還有強大的發展潛力。大澳正面對著更急速的發展。今天的大澳尚且還與大自然有所連繫，我們期望中的未來大澳又是一個怎樣的地方？

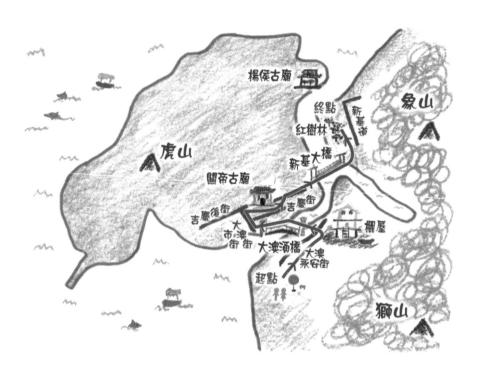

旅程資料	位置 大嶼山西北	行程需時 4 小時	行程距離 2 公里
	主題　歷史文化		

路線	大澳巴士站 ▶ 大澳涌橋 ▶ 永安街 ▶ 大澳街市街 ▶ 吉慶後街 ▶ 吉慶街 ▶ 新基大橋 ▶ 沿路回程
前往方法	於東涌港鐵站乘 11 號巴士前往，或參考〈東涌—大澳〉一文由東涌步行前往。

生態價值指數	文化價值指數	難度	風景吸引度
★	★★	★	★★★★

考考你

1. 你可有注意當地人擺賣的小吃中哪些是傳統食品？
2. 你認為在發展的同時，可以怎樣保留大澳的傳統面貌？
3. 大澳的店鋪有什麼特色？

延伸思考

棚屋是大澳的象徵。二〇〇〇年的大火後，棚屋的保育引起社會廣泛注意；規劃署在二〇〇一年公佈《重整大澳發展研究》，亦重申了棚屋作為大澳重要歷史文化資產的角色。同時，大澳的紅樹林亦是本港少數人工種植的紅樹林。在獨特的文化和生態融合下，大澳發展為旅遊景點的潛力不小。現時，一些非政府組織都在大澳進行文化保育和推廣的工作。

1. 口述歷史紀錄

口述歷史是容易被忽略的資料來源。每人的觀察角度和所知的事件不同，互相補充下，口述歷史對建構全面的歷史故事有重要幫助。隨著時間流逝，見證歷史的人越來越少，某些人又因教育程度或個人能力等種種因素而未有把所見所聞記下。試以一種或數種大澳舊物，例如棚屋、橫水渡或鹽田為題材，對區內人士作詳細訪談，並加以整理，建立一個大澳的口述歷史紀錄。

2. 大澳發展為旅遊點的潛力和障礙

透過 SWOT 分析法（優勢、弱點、機遇、威脅），從文化資源、生態資源、交通、居民意見等角度闡述大澳發展為旅遊景點的潛力和障礙。分析時可以透過實地考察、問卷調查和焦點訪談作研究骨幹。探討問題時不忘分析旅客增加後可能引致的環境問題，以及非勞動人口和非營商居民（如退休長者）的看法。進行研究時亦可參考規劃署的研究，並加以評論。

3. 人工紅樹林和天然紅樹林的比較

大澳人工紅樹林的生長環境被大壆攔截，與天然紅樹林有顯著分別。利用生物多樣性（biodiversity）、紅樹存活率等作為指標，探討人工紅樹林的成效。為突顯人工紅樹林的特點，宜利用周邊地區的天然紅樹林作比較。位於大嶼山北岸的東涌灣或深屈灣都是很好的比較對象（見本書〈東涌灣〉及〈東涌—大澳〉二文）。

烏溪沙
城市旁的世外桃源

　　馬鞍山市中心旁的泥灘，是假日閒遊的一個好選擇。走畢全程只需兩小時，全都是平坦易走的路。這裡最適合一家大小來個同樂日，既享受家庭樂，也把關愛大自然的訊息帶給家人，一舉兩得。

馬鞍山公園

　　旅程的起點是馬鞍山公園。公園入口連接著通往馬鞍山廣場的行人天橋,相當方便。走進公園,可以先欣賞園中植物。公園內的植物有頗多值得欣賞,而且也附有介紹。穿過公園,走上海濱小路,享受海風,沿路一直走,到達烏溪沙青年新村。

▲▲ 馬鞍山公園入口

海邊風貌

　　走進沙灘,你會發現這個美麗的海灣位處新市鎮的高樓大廈旁,真是意想不到。走到河道旁邊細心看看吧!那裡的小魚小蝦最能吸引小孩子逗留,體驗生態的樂趣。

▲▲ 河道旁邊

▲▲ 分岔路——右邊的水泥路通往樹林,左邊的小路通往沙灘。

走前一點，過了碼頭，便看到分岔路：走左邊的路可以前往沙灘；右邊的則通往樹林。因為我們將會在烏溪沙這裡走一圈，所以選擇哪條小路也沒關係。這次我們先走右邊的水泥路作一個示範。

▲▲ 碼頭

植物殺手

沿水泥路細心找找，可以看到薇甘菊（*Mikania micrantha*, Mile-a-minute Weed）。在冬季花期時，千萬朵白色小花可以令你更容易找到它們。不知道什麼是薇甘菊？看看它的形態，再了解其名字—— Mile-a-minute Weed，相信你已猜到這種外來植物（exotic plant）對其他植物造成怎樣的禍害。薇甘菊生長迅速，葉片也很大，阻礙被攀附植物吸取陽光和進行光合作用（有關薇甘菊的破壞，見本書〈綠色生態災難〉一文）。薇甘菊的入侵實在是一個生態失衡的好例子。若生態系統發展成熟，例如有高大的樹木阻擋陽光到達森林底層，薇甘菊等外來植物缺乏相應的適應機制，便不能快速

▲▲ 薇甘菊

繁殖（見本書〈大埔滘〉一文）。所以我們一定要好好的保護大自然，採用宏觀保育策略，不要只以一棵樹作單位。尊重生態系統中的每一員，讓它們各司其職，維持物種間的平衡。物種得以存活至今，都是千百萬年以來進化的結果。物種可以適應今天的生境、比競爭對手更勝一籌，又避過被獵食者完全消滅，當然有其生存之道。而這些生存之道，並非以現今生態知識可以完全理解。貿然破壞自然，就可能同時破壞一些我們尚未知悉的物種關係。從薇甘菊的例子可見，單以一棵樹的能力根本不能對抗入侵者。你看到被薇甘菊攀附的植物的最終下場嗎？

三裂葉蟛蜞菊・含羞草

　　沿途地面也長有一種香港常見的菊科植物——三裂葉蟛蜞菊（*Wedelia trilobata*）！它們樣子雖然普通，但當大量的三裂葉蟛蜞菊長在一起時，也能構成一幅美麗的圖畫。另外，你還可以在這片草地上找到兒時玩意

▲▲ 三裂葉蟛蜞菊

——含羞草（*Mimosa pudica*, Sensitive Plant）。含羞草的葉受到觸碰便會摺合下垂，故又名怕羞草。它的葉柄和小葉柄基部有一個叫葉枕（pulvinus）的部分，這部分細胞壁（cell wall）又薄又敏感，受到觸碰時，細胞水分快速排出，細胞不再飽滿堅挺，葉片失去支持，於是便摺合起來了。這個動作主要是用來保護葉子，避免受到破壞（見本書〈常見外來植物〉一文）。

▲▲ 含羞草

▲ 村屋

▲ 露兜樹的果

▲ 露兜樹的葉

「菠蘿樹」

走前一點到小村落。從這裡走出去便可以返回沙灘，開始回程。你也可繼續走到沙灘的盡頭才折返。在沙灘的盡頭可以找到露兜樹（*Pandanus tectorius*, Screw Pine）。露兜樹又叫假菠蘿，原因是它的果實的樣子與菠蘿非常相似，當然它不可以像菠蘿那樣吃。有些人會用這果實來煮糖水，有機會也真想試試味道如何。

紅樹林

今天的考察目的不在於逐一分辨紅樹品種，而是希望以短短的兩小時去感受這個鬧市旁的濕地（wetland）生境。

▲▲ 海漆

紅樹林是一個充滿生氣的地方，每一角落都有數對眼睛監視著你的一舉一動。只要你走近，這些泥灘動物都會飛快逃走。不要失望，只要靜下來，動作不要太大，牠們還有機會讓你近距離觀賞的。如果你對紅樹和泥灘動物有興趣，可參考本書和《生態悠悠行（增訂版）》的介紹。潮間帶生長環境惡劣：高溫、

▲▲ 海杧果

馬鞍山公園

渡輪碼頭

紅樹林

▲▲ 排鹽作用（桐花樹）

▲▲ 呼吸根

含鹽量不穩定、交替的有氧和厭氧（anaerobic）狀況、週期性乾濕循環和不穩定基質等。但紅樹都有各種精巧的設計令它們能夠解決這些一般植物無法適應的問題。從小小的紅樹可以看到自然的偉大。即使環境如何惡劣，也可以找到生機（見本書〈東涌灣〉和《生態悠悠行（增訂版）》〈拉姆薩爾濕地〉二文）。

空氣污染

　　從沙灘遠望，一望無際的汪洋，還有幾艘風帆。配上沙沙浪聲，盡情的享受大自然吧！可惜的是，空氣污染導致能見度（visibility）偏低。這個情況在香港並不是偶爾出現。即使不是身處繁忙的市區，我們的空氣還是受到如此嚴重的影響。市區的空氣污染物（pollutant）被風一吹便到處飄散。香港地方小，污染物的飄散更為顯著，郊區的空氣也變差了。香港的空氣污染（air pollution）問題主要源自發電廠和汽車，也有不少是由內地隨風飄散到港（見本書〈孖指徑〉和《生態悠悠行（增訂版）》〈油塘—馬游塘〉二文）。事實上，不靠精密儀器，每天在家中窗前拍張照片，再把相片合成片段，你也可以感受到空氣污染的嚴重程度。空氣污染嚴重的日子多在哪個季節出現？為什麼呢？

　　沿沙灘走，可以回到馬鞍山公園的海濱小路。我們在這裡結束旅程，重返繁忙的新市鎮了。

植物一般在基質穩定、透氣度良好的泥土生長，所以根部的主要功用是支撐植物和吸收養分（nutrient）。

🔺 一般植物

呼吸根（pneumatophore）幫助紅樹進行氣體交換，即使泥土被水覆蓋，這些露出的氣根（aerial root）仍能進行氣體交換了。

纜狀根（cable root）

🔺 海欖雌（*Avicennia marina*）

43

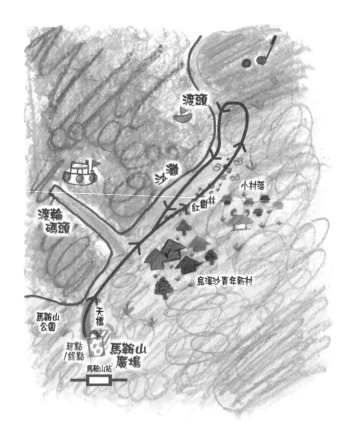

旅程資料

位置	行程需時	行程距離
新界東	2 小時	2.5 公里

主題　海岸生態

路線　馬鞍山公園 ▶ 海典居外的紅樹林 ▶ 烏溪沙 ▶ 沙灘 ▶ 馬鞍山公園

前往方法　乘搭途經馬鞍山市中心或馬鞍山廣場的巴士，或在馬鞍山港鐵站下車。

生態價值指數	文化價值指數	難度	風景吸引度
★★	-	★	★★★

考考你

1. 你在起點附近的河道中找到什麼動物？
2. 紅樹林除了紅樹外，還有其他動植物生存嗎？
3. 空氣污染與天氣有什麼關係呢？

延伸思考

烏溪沙泥灘與東涌灣的區位特徵（locational characteristic）很相似：兩者皆位於新市鎮（new town）邊緣，也是居民日常的康樂地點。雖然烏溪沙泥灘旁的馬鞍山公園已經為居民提供不錯的康樂設施，但泥灘仍不失其作為康樂地點的角色。

1.康樂用地的使用模式

透過問卷調查了解烏溪沙泥灘使用者的社會經濟地位（社經地位，socio-economic status）、到訪原因、使用頻率和進行什麼康樂活動。問卷調查有助發掘具代表性的例子，並進一步成為個案研究。按研究的規模，到訪泥灘的人數亦應加以考慮，以評估現時的使用頻率和模式會否超越了泥灘生態系統（ecosystem）和各項設施的承載能力（carrying capacity）。如有需要，亦可利用東涌灣（見本書《東涌灣》一文）作一對比。東涌和馬鞍山的人口結構不同，東涌灣附近以公共屋苑（逸東邨、滿東邨）為主，馬鞍山四周則有較多的私人屋苑，居民社經地位上的差異對康樂活動的模式又有什麼影響？

2.馬鞍山公園與烏溪沙泥灘的關係

公園與泥灘同為區內的康樂用地，藉上題的研究方法，亦可同時探討公園與泥灘的關係是互補還是互相衝突。試同時在馬鞍山公園進行問卷調查，比較和歸納公園和泥灘這兩類用地使用者的背景特徵。公園和泥灘的使用者都是同一群嗎？公園的設立會否增加遊人到泥灘進行康樂活動的意欲？公園使用者順道到泥灘進行康樂活動的情況普遍嗎？研究結果對馬鞍山康樂用地的規劃又有什麼啟示？

東涌灣
毗鄰市鎮的泥灘

　　一個新市鎮旁的泥灘，面對急劇的發展，能否保存下來？讓我們齊來探索這片毗鄰新市鎮的泥灘。只有親身體驗，才可了解大自然的可貴。大自然原來可以這麼近。

在西面的東涌

有沒有想過原來「東」涌的位置在香港的西面？明朝時這一帶叫東西涌，「涌」是指河流。當時東西各有一河，亦有村落。東面的地方叫東涌口（即今東涌馬灣涌一帶）、西面的叫西涌口。及後東面發展較繁盛，這一帶便統稱為「東涌」了。

走過逸東邨到裕東路，在行人天橋下面轉右，經侯王宮及營地抵達泥灘。

今天，在東涌以南的山脈上，有一條河流入東涌灣中。那條流入東涌灣的小河，名叫東涌河。河口處地勢平坦，水流減慢；加上淡水與海水混和，產生「膠結作用」（flocculation），水的膠體顆粒把沙泥凝聚結合；加上東涌灣受赤鱲角島保護，河水中的泥沙可以沉澱下

▲▲ 往東涌灣泥灘的小路入口

來。日積月累，因而形成一片廣闊的泥灘。這片泥灘在水漲時是不能到達的，所以在參觀前切記到天文台網頁查看赤鱲角潮汐監測站的潮汐預報。

▲▲ 東涌灣泥灘

▲▲ 南方鹹蓬

| 膠體顆粒把沙泥凝聚結合 | 沙泥結合後沉澱 | 泥堆漸漸堆積而成 |

▲▲ 膠結作用

現在的水退得很低很低，正好讓我們看到泥灘的真面目。讓我們走到泥灘上，看看有什麼發現。

紅樹林之旅

東涌灣這片泥灘的生態十分多元化。單是在進入泥灘的短短一段路上，我們可以發現秋茄（*Kandelia obovata*）、木欖（*Bruguiera gymnorrhiza*, Many-petaled Mangrove）、海漆（*Excoecaria agallocha*, Blind-your-eye）、桐花樹（*Aegiceras corniculatum*）和海欖雌（白骨壤，*Avicennia marina*, Black Mangrove）五種紅樹。試試觀察這些紅樹，你可以找到一棵紅色的嗎？「紅樹」這名字的來源，並不是與它的顏色有關，而是因為紅樹含有豐富的丹寧（tannin）。丹寧可作染料，把布匹染紅。在印尼和馬來西亞等地，居民利用紅樹染紅布匹，於是這類在潮間帶生長並含豐富丹寧的植物便統稱為紅樹。除銀葉樹（*Heritiera littoralis*, Looking-glass Tree）、欖李（*Lumnitzera racemosa*, Lumnitzera）和鹵蕨（*Acrostichum aureum*, Leather Fern，又名 Mangrove Fern）外，東涌灣可找到本地八種紅樹（見《生態悠悠行（增訂版）》〈拉姆薩爾濕地〉一文）中其中五種。當中最有趣的品種要算是秋茄了！秋茄又名水筆仔。單看這名字，你能猜到它的樣貌嗎？

水筆仔擁有像筆桿一般的繁殖體（propagule），因而得名。繁殖體是紅樹的幼苗，成熟後才脫離母體，插在鬆軟的泥土中，隨後迅速生長，避免潮汐把繁殖體沖走。繁殖體是部分紅樹的特徵，用以減低潮汐對繁殖下一代的影響。

▲▲ 桐花樹

▲▲ 木欖的繁殖體

▲▲ 木欖

▲▲ 海欖雌

▲▲ 欖李

▲▲ 海漆

▲▲ 秋茄的繁殖體

▲▲ 秋茄和粗腿綠眼招潮蟹　　　　▲▲ 清白招潮蟹泥灘

招潮蟹的家

　　往前走，來到東涌灣泥灘。停下來，看看泥灘上有什麼東西？看見那隻白色的招潮蟹（fiddler crab）在揮舞著牠們的螯（pincer）嗎？很難想像這片小小的泥灘竟然是千百隻招潮蟹的家吧！細心留意招潮蟹的樣子。這種白白的招潮蟹名叫清白招潮蟹（*Uca lactea*），是這裡常見的招潮蟹品種。奶白色的螯令牠們在泥灘上十分顯眼。想看清楚牠們的廬山真面目，那就要考考

▲▲ 清白招潮蟹　　　　　　　　　▲▲ 泥灘上遺下的水鳥足印

▲▲ 泥灘上的招潮蟹洞

▲▲ 泥灘上的蠔殼非常銳利，行走時要小心。

你的能耐了！走到蟹洞旁，細心等待牠們出來。記著招潮蟹對光影變化和地面震盪是非常敏感的，守候牠們時，不要太大動作啊！

環環相扣的泥灘生態

泥灘除了是紅樹和招潮蟹的家外，也是彈塗魚（mudskipper）、水鳥（waterbird）和很多甲殼類動物的聚居地。這些動植物互相之間都有微妙關係，環環相扣，最後形成一個生態網絡。例如甲殼

▲▲ 彈塗魚

類動物協助過濾海水；紅樹的落葉碎屑成為蟹和魚的食物；魚是水鳥的主要食物。部分紅樹葉面上排出的鹽粒為動物提供天然的鹽分來源。此外，紅樹又為水鳥、彈塗魚和招潮蟹等動物提供棲身之所。紅樹林為動物提供食住所

▲▲ 東涌河修復牌

需，有非常重要的生態功能。整個生態網絡就像一台機器，維持著大自然的平衡。在這裡探望招潮蟹和彈塗魚等生物的同時，切記要遵守生態旅遊的守則。每種動植物皆有其生存的權利和角色，千萬不要騷擾牠們。

重建大自然？

東涌河源於東涌灣以南的彌勒山和大東山，遠離城市，能避過污染的威脅。當中有多達十四種魚類，當中不乏河海兩側洄游性魚類（diadromous fish species）。可惜，在二〇〇三年秋季，河道的石塊被挖掘作竹篙灣的大型建設，洄游性魚類無法返回河道繁殖。雖然在修復後，河道得以變成今天大家所見的面貌，但究竟能不能完全地把生態價值徹底回復，也許沒有人能肯定地回答了。東涌河的個案是很值得我們反思的——究竟人類是否真的可以重建大自然？

▲▲ 東涌河

親水文化

　　近年政府有意推動「親水文化」，
一改過去河道危險、只可遠觀而不可親
近的觀念。東涌河近石門甲、石榴埔的
一段已渠道化的河道將發展為河畔公
園，營造出更貼近大自然的社區康樂
設施，讓市民可以近距離接觸河水和生
態。類似的規劃早在南韓首爾清溪川和

新加坡碧山宏茂橋公園中出現。但不論是首爾還是新加坡，河畔公園終歸不
是天然河道，在原本極具生態價值的東涌河道上進行這個工程，恐怕是破壞
大於建設。或者，這個工程已暗示了這段被渠道化的東涌河的生態價值已大
不如前。人類發展與大自然是否互不相容？沿路回程，一邊漫步一邊想想，
也許我們可從這旅程中領悟更多。

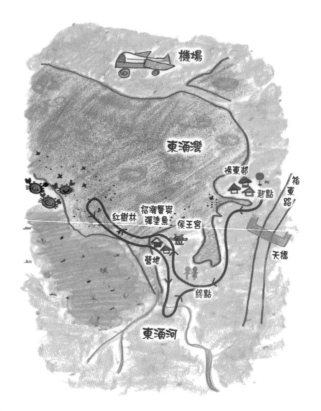

旅程資料

位置	行程需時	行程距離
大嶼山北	3 小時	1 公里

主題	泥灘生態

路線　　逸東邨 ▶ 東涌灣泥灘 ▶ 東涌河 ▶ 逸東邨

前往方法　於逸東邨沿裕東路向侯王宮方向步行約十五分鐘。

注意事項　出發前請先查閱天文台網站樂安排潮汐監測站的預報。東涌灣最佳的參觀時間為水位低於一米時。

生態價值指數	文化價值指數	難度	風景吸引度
★★★★★	★	★	★★

東涌灣

考考你

1. 如果你是東涌原來的居民，你願意為都市發展犧牲大自然嗎？
2. 潮汐漲退留下了什麼痕跡？

延伸思考

東涌灣有多個不同品種的紅樹群落，也是鄰近居民的主要康樂地點。面對填海而成的赤鱲角機場、鄰近的大型住宅區，再加上未來的新市鎮發展，如何保護東涌灣勢成一個社會關注的課題。東涌灣西面的礁頭亦是香港少數尚有瀕危動物馬蹄蟹存活的地點（見本書〈東涌─大澳〉一文）。

1. 康樂活動對環境的影響

假日時總有不少遊人到東涌灣進行各式各樣的康樂活動。試在東涌灣營地附近或其他高點作觀測，統計東涌灣的遊人數量和活動種類。特別注意部分遊人在泥灘上利用工具捉蝦摸蜆。試估計其捕獲量，並考慮該物種的成長週期，研究這類活動是否合乎可持續發展的原則。

2. 泥灘和紅樹發展

比較多張不同年份的空中照片（aerial photograph）和地圖，從面積方面比較東涌灣泥灘的發展情況。特別注意赤鱲角填海工程對泥灘發展速度的影響。注意泥灘受潮汐影響，面積看起來會有所改變，宜利用周邊地區的房屋和主要道路作定位，細心比較。在研究泥灘發展的同時，也可一併比較紅樹林的發展情況。空中照片和地圖在地政總署測繪處有售；衛星照片可透過谷歌地球（Google Earth）免費下載。

3. 近郊發展對東涌灣的影響

由過去的小村落發展成今天容納十一萬居民的新市鎮，城市發展正步步迫近東涌灣。今天，東涌灣剛好處於市區和鄉郊的分界上，面對近郊化（suburbanization）的影響；在發展藍圖上，東涌灣將成為新市鎮的其中一部分。試在東涌灣搜集近郊化影響的證據，探討近郊發展對生態系統的影響；亦可藉空中照片和地圖，了解東涌灣的發展。東涌灣是否新市鎮發展的唯一選擇？東涌一帶還有其他土地可供發展嗎？

盧吉道

百年古道

　　相信大家也知道太平山是旅遊勝地，但有沒有留意凌霄閣後有一條隱秘的遠足徑呢？它不甚顯眼，卻是一條逾百年的歷史古道，它的名字叫盧吉道。

　　盧吉道建於一九一三年至一九一四年間，以香港第十四任（一九〇七年至一九一二年）港督（Sir Frederick Lugard）的名字命名。盧吉道位處太平山四百多米高的山上，整條路徑沿著山腰而建，其中盧吉棧道一段更令人嘖嘖稱奇。

整條路線平坦易行，樹蔭處處，絕對適合一家大小前往。

　　若想前往盧吉道，可以於中環碼頭乘搭 15 號巴士往山頂，或乘坐山頂纜車登山，到凌霄閣後方的山徑。那裡樹木生長茂盛，鳥語花香，柔和的晨光隔著樹葉透射出來，顯得分外幽雅。路線沿途有不少介紹牌，闡述了生態知識及盧吉道的歷史。

蕨類植物

▲▲ 石上的地衣

　　路上靠山的一面長滿很多細小的植物。它們呈羽狀複葉，是蕨類植物（fern）。它們通常在潮濕的地方生長，外形不像一般維管束（vascular bundle）植物（如喬木），它們更不會開花結果，而是用孢子（spore）繁殖。孢子長在葉片底部，被孢子囊（sporangia）

▲▲ 海金沙

▲▲ 孢子囊

▲▲ 鐵芒萁初生的葉

保護。當孢子成熟，它們便會隨風四散，散落到其他地方繼續生長。更有趣的是，蕨類植物初生的葉是蜷曲的，經過一段時間，吸收了足夠的水分，才會漸漸打開，形成現在我們所看到的葉片。沿途可看到不同品種的蕨類，例如海金沙（*Lygodium japonicum*, Climbing Fern）、鋪地蜈蚣（燈籠草，*Palhinhaea cernua*, Nodding Clubmoss）、巢蕨（*Neottopteris nidus*, Bird-nest Fern）及伏石蕨（*Lemmaphyllum microphyllum*）等。

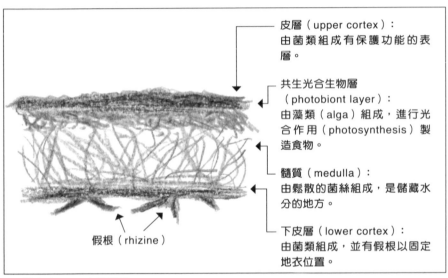

皮層（upper cortex）：
由菌類組成有保護功能的表層。

共生光合生物層
（photobiont layer）：
由藻類（alga）組成，進行光合作用（photosynthesis）製造食物。

髓質（medulla）：
由鬆散的菌絲組成，是儲藏水分的地方。

假根（rhizine）

下皮層（lower cortex）：
由菌類組成，並有假根以固定地衣位置。

▲▲ 地衣（lichen）的結構

百年古道

　　盧吉道有近百年歷史，當時建築這部分時是在峭壁下立樁架橋，足見當時興建盧吉棧道的工程是何等浩大。沿著棧道前行，除可觀賞維港景色外，亦可留意靠海一面的植物如櫟（*Quercus*, Oak）和梭羅樹（*Reevesia thyrsoidea*,

▲▲ 「仙橋霧鎖」的盧吉棧道

▲▲ 三合土長座椅

Reevesia）等。你還會在前面不遠處看見有百年歷史的三合土長座椅呢。

繼續前行，漸覺眼前豁然開朗，盡覽維多利亞港景色，與之前的林蔭小徑大相逕庭。還記得小時候，我特別喜歡在秋季郊遊，原因是可以清楚看見山水景色。蔚藍色的天空萬里無雲，燦爛的陽光映出細緻的山脈及海浪。如今縱使身處太平山之巔，只覺唏噓無限。同樣在秋季，維港一片白茫茫，九龍半島若隱若現，大帽山更不用多說了。古人云：欲窮千里目，更上一層樓。現在只怕再上一萬呎，也不能看到昔日美景了（見《生態悠悠

▲▲ 櫟

▲▲ 梭羅樹

行（增訂版）》〈油塘一馬游塘〉一文）。香港近二三十年已幾乎沒有工業活動，為什麼煙霞（smog）這問題在近年反而越見嚴重呢？

巨大的印度橡樹

經過棧道，又重回林蔭小徑。向前走沒多久，便會發現一株異常巨大的樹。它有粗壯的樹幹、長長的氣根，難道是細葉榕（*Ficus microcarpa*, Chinese Banyan）？細心一看，發現葉片也異常巨大，決不是細葉榕。這棵樹

▲▲ 印度榕

叫印度榕（*Ficus elastica*, India-rubber Tree），原產於印度及馬來西亞。此樹有白色的黏性乳汁，可製造橡膠（rubber），所以又叫印度橡樹。印度榕與細葉榕一樣，用氣根呼吸。這些氣根也會不斷生長。每當氣根觸及地面，又會成為樹幹的一部分。

經過印度榕，向前行沒多久便來到夏力道休憩處。這裡是多條行山徑的交匯點，可分別到達薄扶林谷、西高山、山頂公園及龍虎山。沿著夏力道再向前走，到

▲▲ 木麻黃

▲▲ 夏力道休憩處

達長滿木麻黃（牛尾松，*Casuarina equisetifolia*, Horsetail Tree）的小公園。木麻黃是香港常見的樹種，能適應貧瘠的土壤，故漁農自然護理署（漁護署）廣泛種植。

走到路徑末段，飽覽小瀑布及薄扶林水塘美景後，沿路向前行便會看見凌霄閣，又回到了起點，整個旅程也就完結了。

▲▲ 瀑布　　　　▲▲ 克氏茶　　　　▲▲ 克氏茶的葉

▲▲ 薄扶林水塘

棧道

三合土長椅

盧吉道

夏力道休憩處

印度橡樹

凌霄閣

亭

起點/終點

山頂纜車總站

夏力道

夏力道

小瀑布

旅程資料

位置	行程需時	行程距離
香港島	2小時	2公里

主題	歷史文化美景

路線 凌霄閣 ▶ 林蔭小徑 ▶ 棧道 ▶ 休憩處 ▶ 小瀑布 ▶ 凌霄閣

前往方法 在中環乘 15 號巴士、1 號小巴或纜車前往。

生態價值指數	文化價值指數	難度	風景吸引度
★★★	★	★	★★★

考考你

1. 能見度與季節和天氣有關嗎？
2. 試以盧吉道為例子，說說如何令旅客認識香港珍貴的天然資源。

延伸思考

旅客遊覽山頂，往往把注意力集中在商場。如果可以利用生態旅遊向旅客推廣香港綠色的一面，將是一個極具發展潛力的活動。盧吉道位處山頂，路程長短適中，適合甚少到郊外遊覽的人士。盧吉道的路途平坦廣闊，也讓傷健人士有機會享受自然風光，是向旅客和傷健人士推廣生態旅遊的一個好試點。

1. 生態歷史旅遊路線規劃

盧吉道歷史悠久，從文獻中可找到不少相關的歷史故事。配合沿山腰而建的設計，讓遊人可以清楚欣賞九龍半島的景色。嘗試找尋歷史圖片，把此路線發展為一條以歷史和生態為題的旅程。此外，本港郊野地區對傷健人士的支援不足，在設計路線時，也不妨考慮傷健人士的需要，讓他們也可一同享受生態旅遊的樂趣。部分歷史照片可在香港政府檔案處和歷史博物館找到。

2. 旅遊發展規劃

山頂一帶是香港最早開發的地區之一，單是山頂廣場附近就有不少歷史悠久的建築物和古蹟，諸如纜車總站、纜車工程師宿舍（今山頂餐廳）、總督山頂別墅遺址和碑石等。試規劃如何善用山頂區豐富的歷史資源，把山頂一帶設計成為既具風格、又能反映獨特歷史背景的旅遊景點。設計時不妨先考究山頂的歷史沿革和參看《生態悠悠行（增訂版）》〈龍虎山〉一文的介紹。

北潭涌

文化與自然的融合

　　甫踏進北潭涌自然教育徑入口，就看見一道橋。橋下河水緩緩流動，
倒影著岸上的樹林，好不漂亮！告訴你一個小秘密，下游近河口處的河水流
動方向會隨潮汐漲退而改變呢！這秘密亦早已暗藏在「北潭涌」這地名內。
「涌」可與「湧」相通，指水由下向上冒，有河流的意思。河流由高山流入
大海，但河口地區的水流方向受潮汐影響。潮漲時，海水湧入，河口的水流
逆轉。「北潭涌」的「涌」說明這兒是受潮汐影響的河口地區。

復興橋

從前西貢的交通不方便，鄉民要上墟市，必須經上窰村的碼頭乘街渡前往。要到達碼頭就要過河。每逢潮漲或大雨過後，河流水位上漲，阻礙村民出入。為改善交通，村民集資建橋。站

▲▲ 復興橋

在橋上，你能想像當時村民帶著農產品來來往往的景象嗎？

▲▲ 果園

農業活動對生態系統蠻有用的。蝴蝶（butterfly）除吸食花蜜外，有些蝴蝶還喜歡吸食樹汁。柑橘類植物的汁液更是某些蝴蝶的最愛。農田也為一些動物提供棲息之所——雖然農民未必完全喜愛牠們。在務農的年代，人與大自然的關係還是頗為緊密的（見本書〈尖鼻咀〉和《生態悠悠行（增訂版）》〈塱原〉二文）。你在北潭涌附近找到果園和農地嗎？裡面又是一個怎樣的生態系統？

▲▲ 藏於枯草堆中的一隻蝴蝶

多用途的植物

走著走著，你會發現小路旁邊有矮竹（bamboo）生長。微風吹過，竹葉隨風搖擺，發出沙沙的聲音。除了觀賞和綠化（greening）環境，你知道竹子有其他用

▲▲ 竹林

途嗎？據說昔日村民會收集竹枝來製作掃帚。除了竹子外，錫葉藤（*Tetracera asiatica*, Sandpaper Vine）對村民也有很大的實用價值。錫葉藤的葉面如砂紙般粗糙，村民利用它打磨筷子和金屬器皿。從以上兩個例子可見昔日村民懂得利用自然資源。在日常生活中，你想到有類似的傳統智慧嗎？

▲▲ 錫葉藤

百年灰窰

沿途你會發現一個用石塊堆砌、類似一口井的建築物，那就是灰窰（kiln）。村民將珊瑚（coral）、蠔殼等材料堆滿在窰內，然後在灰窰下方點

▲▲ 土沉香

▲▲ 灰窰

火，連續燒七日七夜後，把灰窰密封起來，讓它慢慢冷卻。約十多天後，就可以開窰取出石灰（lime）。石灰加水後成為熟石灰（hydrated lime），可作肥料（fertilizer）和建築材料。石灰工業在當時社會佔有重要的經濟地位。

約在一八三〇年，一名黃姓客家人及其兄弟來到上窰，在此開設小店。為了安頓家人，他們興建房子，上窰村由此建立。這群人又在附近興建了灰窰和磚瓦窰，以生產石灰、青磚和瓦片為生。及至一九五〇年代，面對英泥和造磚業的競爭，灰窰工業漸被淘汰，村民紛紛往外謀生，上窰村開始荒廢。及後上窰村被修復為上窰民俗文物館，開放予市民參觀。當你踏進文物館，彷彿看見了昔日村民的生活。站在曬坪，想像村婦正在廚房燒飯，辛勞工作了整天的村民剛好踏進家門，小孩子在村屋之間跑來跑去……在這裡，時間的流動似是停止了，一切都充滿著舊日的氣息。

▲▲ 技工把製造石灰的原料投到灰窰的上層，再在下層生火。在西貢沿海地區，製造石灰的原料多為珊瑚，而元朗因生境不同，較少珊瑚，技工以蠔殼代替。整個燒製石灰的過程需要七天才完成。

▲▲ 荒廢的村屋

在文物館附近，有機會找到仙人掌科的攀緣植物（climbing plant）量天尺（*Hylocereus undatus*）。量天尺的花於夏秋季的晚上盛放，因此有 Night-blooming Cereus 的英文別名。量天尺的

花曬乾後就是著名的中藥「霸王花」，可作湯料，有化痰止咳的效用；而量天尺的果實就是我們日常食用的火龍果（dragon fruit）。

▲▲ 上窰民俗文物館

▲▲ 窰頂

▲▲ 量天尺

　　文物館對出有一小渡頭，曾是附近村民往返墟市的必經之路。隨著西貢區的交通越來越發達，這小渡頭已經失去其功能。渡頭兩旁是一大片紅樹林，樹上掛著隨風搖曳的「水筆仔」（秋茄的繁殖體）。坐在渡頭盡處，看著小白

鷺（*Egretta garzetta*, Little Egret）劃過平靜的湖面，彈塗魚在泥灘上跳躍，鳥兒低頭尋找食物，好不寫意！

參觀過上窰民俗文物館後可原路折返，或繼續往前走，經上窰家樂徑返回大網仔路。

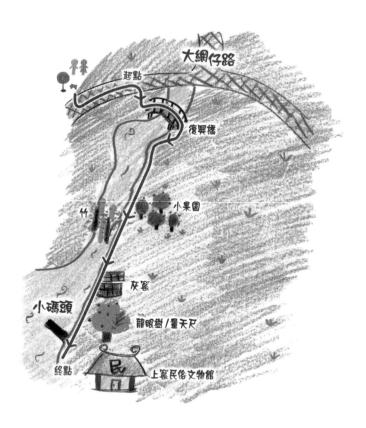

旅程資料

位置	行程需時	行程距離
西貢	1.5 小時	1 公里

主題　　鄉村文化

路線　　北潭涌 ▶ 自然教育徑 ▶ 上窰民俗文物館 ▶ 沿路回程／上窰家樂徑

前往方法　　於西貢市中心乘 94 或 96R 巴士於北潭涌巴士站下車。

生態價值指數	文化價值指數	難度	風景吸引度
★★	★★★	★	★★

考考你

1. 沿途你會找到土沉香（*Aquilaria sinensis*（Lour.）Spreng, Incense Tree）。你知道土沉香與香港歷史的關係嗎？

2. 製造石灰的原料因地區而有所不同。從這例子中你可指出文化 與大自然的關係嗎？我們的飲食習慣與氣候有關嗎？

延伸思考

北潭涌曾是石灰的主要產地，為當時的農業和建造業提供大量的原 料。除北潭涌外，香港不少地方也有灰窰遺址，例如馬灣、海下灣、 赤鱲角虎地灣（即近今赤鱲角東南方的後勤區附近，該灰窰現被移 至東涌小炮台附近）、大嶼山二浪灣、沙頭角等，它們都見證著香 港的經濟發展與轉型。

1. 窰燒工業的發展

試在地圖上標示香港灰窰遺址的位置，歸納窰燒工業的地理環境要 求。為什麼灰窰要建在這些地方？考察這些灰窰的結構，它們的設 計與地理位置有關嗎？不同位置的灰窰所用的原料有別嗎？原因為 何？在廣東等地也有灰窰嗎？它們的設計和所在地與香港的有分別 嗎？部分灰窰的位置和資料可在古物古蹟辦事處找到。經多年不斷 的填海和海岸工程後，香港的海岸線與古代時已有很大的差別，研 究時要當心。

2. 果園生態系統

相對於基圍（*gei wai*）和魚塘，果園生態系統更為單一和封閉。 農民在果園生態系統擔當操控者的角色：他們負責決定植物的品種 和數量、調節泥土的物理和化學情況，亦有除雜草和害蟲等不合乎 農民期望的動植物。在這樣嚴謹的人為控制環境下，生態系統失去 自然平衡，可存活於果園的動植物也大大減少。在果園之中你可以 找到哪些品種的動植物？果園中找到的動植物分別有什麼共通點？ 動物以果園為棲息繁殖地，抑或只不過在果園中稍作休息和覓食？ 為什麼？哪些果樹較能吸引動物？透過考察果園生態系統的運作， 評價果園在自然生態系統中的重要性，並建議如何可以完善果園系 統以達至生態平衡。

屏山
尋找失落的傳統文化

　　位於元朗的屏山，自鄧氏一族於宋元時定居及開發以來，已有八百年歷史，可說是香港歷史最悠久的地方之一。只要花上半天時間，走走全港首條文物徑——屏山文物徑，便可以了解中國傳統圍村建築格局。就讓我們到屏山鄉走一趟，尋找香港的傳統文化。屏山鄉毗鄰天水圍，東連元朗市。它由三圍六村組成。自一二一六年（宋代）開始，原定居於錦田的鄧族一支鄧元禎

遷居屏山。由於北臨深灣，南依屏山，農地肥沃，出產的稻米、甘蔗和甜薯非常著名，故有「屏山具江南水鄉之勝」之說。

聚星樓

　　在天水圍港鐵站下車，很容易便找到聚星樓的蹤影——三層高的六角形青磚古塔，也是香港現存唯一的古塔，建於明朝洪武年間（一三六八年至一三九八年），逾六百年歷史。它原有七層高，後來被颱風摧毀，僅剩下三層，地下供奉土地，二樓供奉關帝，三樓供奉文魁星。每層的外牆均題有吉祥字句，極有氣勢。聚星樓有著傳統風水塔的特點，六角形的設計既可增強塔的穩定度，也可在塔上多角度眺覽不同方向的風景。古塔位於古屏山河口，據說在風水上可擋青山的煞氣和后海灣的水患，也可庇佑族中士子考取功名。不知是否出於巧合，屏山鄧氏在明清兩朝的確出了不少登科士子。仔細看看，你感受到古時人文薈萃、文教興盛的屏山嗎？

🔺 聚星樓塔頂

🔺 聚星樓

社壇

開始進入屏山鄉的範圍，首先歡迎你的是一座拱形壁的神壇，內裡正供奉著土地公和土地婆。你看！社壇正中兩塊直立的石頭便是他們了：大的是土地公，小的是土地婆。你猜社壇的作用是什麼呢？

▲▲ 社壇

上璋圍

圍村（walled village）是廣東、福建沿海的獨有建築。因明末清初海盜為患，為求自保，村民興建圍牆包圍著村落，故稱「圍村」。為保衛村民的生命財產，圍村四角通常建有更樓。城牆上開有槍孔和瞭望孔。圍內的房屋沿著中軸線建成，由小巷分隔。有些圍村外有護城濠溝，或種竹林荊棘，以抵盜賊。

▲▲ 上璋圍

已有二百年歷史的上璋圍，是典型的圍村之一。試看房屋、門樓和神廳的排列有什麼規律？離上璋圍外不遠的古井，是村民的食水來源。隨著時代的發展，不少圍牆和房屋被拆卸。然而，大家今天仍可以窺見昔日傳統圍村的風貌。

▲▲ 上璋圍外的古井

水井（well）是一條由地面通往蓄水層（aquifer）的管道。假如地下水乾涸，水井便沒有水。這時便需要挖深水井，或在他地挖一個新水井。

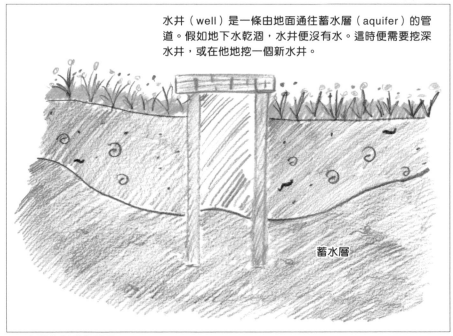

蓄水層

▲▲ 水井的形成與原理

▲▲ 楊侯古廟

▲▲ 兩祠全景

楊侯古廟

　　位於坑頭村的楊侯古廟，據說已有數百年歷史。廟內供奉的是南宋忠臣楊亮節。南宋末年，楊亮節帶著兩位宋帝逃難至香港，寧死不降，最後殉國。村民為紀念他的忠義，便建廟供奉。在香港，大澳、東涌灣等地均有侯王廟（見本書〈大澳〉一文）。小巧的廟內，還供奉著金花娘娘和土地公。一廟供奉多神，令人深深體現傳統民間和衷共濟之道。

鄧氏宗祠

　　鄧氏宗祠是屏山三圍六村的宗祠，也是香港最大的祠堂之一，已有七百多年歷史。正門不設門檻，代表屏山鄧氏曾出任朝廷大官。宗祠的建築為三進兩院式設計——第一進為前廳；第二進為中廳，是父老議事和舉行儀式之處，每逢喜慶打醮，大排筵席，非常熱鬧；第三

▲▲ 鄧氏宗祠

進則供奉祖先靈位，而第二進和第三進中間設有中門，平日是關閉的，只有族中子弟高中狀元或地方長官來訪時才會打開。宗祠外兩旁各有兩塊功名石，刻有中舉者的姓名，不過因年代久遠，刻字已經褪色。你不妨細心咀嚼祠堂內的楹聯，欣賞樑架和屋脊上的吉祥圖案雕刻，當可感受到濃厚的古風鄉情。

▲▲ 門前功名石

▲▲ 內堂

愈喬二公祠

與鄧氏宗祠不同，在鄧氏宗祠旁的愈喬二公祠屬於家祠，約有五百年歷史。中國傳統的祠堂通常分兩種：家祠和宗祠。宗祠是整個宗族的祭祀和舉行儀式的場所。中國文化講究長幼尊卑，故宗祠的規格最高，為三進兩院式；而家祠則是族內其中一支脈的祠堂。而二公祠的規模和格局與鄧氏宗祠類似，顯示二公曾為

▲▲ 愈喬二公祠

▲▲ 屋頂雕刻

朝廷高官，故可用宗祠規格建家祠。祠堂正門外也是左右各擺放兩塊功名石。
二公祠曾在一九三一至一九六一年間成為達德學校，供學子讀書學習。

覲廷書室和清暑軒

　　經過覲廷書室，很容易被「崇山毓秀，德
澤流芳」這對圓潤有力的對聯所吸引。書室由
鄧英山於一八七〇年興建，以紀念其父鄧覲廷。
書室是村中的私塾，屬兩進式建築，分為門廳、

階 庭 和 正 廳
（崇德堂），
左右兩旁各有
廂 房 三 間，

▲▲ 覲廷書室

擺設古色古香，還有古人用的桌椅、書本，
令你恍如置身朗朗書聲之中。樓高兩層的清
暑軒位於書室旁，是供貴客和文人入住的居
所，極具氣派，大家可特別留意它精緻的裝
飾。

洪聖宮

　　相傳洪聖是唐代廣利刺史，能準確預測天文氣象，深受漁民和商人愛戴。位於坑尾村的洪聖宮大概建於一七六七年，即清乾隆年間，香火鼎盛的洪聖宮中間設有天井，促進空氣流通，可見古代建築學上「以人為本」的智慧。

▲▲ 洪聖宮

舊屏山警署

▲▲ 舊屏山警署

離開文物徑，可沿著屏廈路步行至村後的小山丘，旁邊有孝思堂，是屏山原居民骨灰安放之處。山丘原是風水林（fungshui woods），現在外來的檸檬桉（Eucalyptus citriodora, Lemon-scented Gum）是新地主。山頂的建築物是舊屏山警署，建於一八九九年，是英國人在新界興建的第一所警署。由於當年以鄧族為首的新界居民反抗英人統治，因此英國人在此建立警署以加強監控。二〇〇二年，警署關閉，並改建為屏山鄧族文物館暨文物徑訪客中心，於二〇〇六年開放。

▲▲ 屏山輕鐵站

▲▲ 警署設立於山崗上，可一覽屏山全景

屏山的自然人文風貌，隨著歷史的巨輪前進而不斷變遷。回想昔日的屏山是一片魚塘沼澤之地，山巒翠綠，河水清澈。村民自給自足，年復年、月復月地生活，承傳儒家思想，重視宗族倫理和教育。現在天水圍的屋苑矗立在屏山鄉前，魚塘和農田已不復在，轉而成為大片土地。而我們也只能在古蹟中找尋古人「崇山毓秀，德澤流芳」的情懷了。

天水圍港鐵和輕鐵站

起點

聚星樓

楊侯古廟

鄧氏宗祠

坑尾輕鐵站

社壇

上璋圍

愈喬二公祠

觀廷書室、
清暑軒

屏廈路

洪聖宮

終點

舊屏山警署

往屏山輕鐵站

旅程資料	位置 新界西北	行程需時 3 小時	行程距離 約 1 公里
	主題　文化古蹟		

路線　　聚星樓 ▶ 達德公所、英勇祠 ▶ 社壇 ▶ 上璋圍 ▶ 楊侯古廟 ▶ 鄧氏宗祠 ▶
　　　　愈喬二公祠 ▶ 觀廷書室、清暑軒 ▶ 洪聖宮 ▶ 舊屏山警署 ▶ 沿路回程至天水
　　　　圍港鐵站，或沿屏廈路步行至屏山輕鐵站。

前往方法　於天水圍港鐵站 E3 出口徒步至聚星樓。

注意事項　愛惜文物，尊重當地風俗，避免打擾居民。

生態價值指數	文化價值指數	難度	風景吸引度
★	★★★★★	★	★★★

屏
山

1. 村民為什麼要興建聚星樓？試從當年四周的自然環境和人文活動方面作思考。

2. 鄧氏宗祠外的對聯「南陽承世澤，東漢啟勳名」是什麼意思？試從南陽、東漢與鄧氏三方面關係去想想。

屏山是本港著名的圍村之一，其地標聚星樓更是香港唯一僅存的古塔。香港圍村的數目其實不少，根據一份研究的統計，本港有逾一百條村落以「圍」字作名，有的更建有城牆、圍門或更樓。圍村除了是聚落（settlement）外，亦有防禦盜賊的功能，是廣東、福建等沿海地區常見的建築設計。沙田曾大屋、荃灣三棟屋和錦田吉慶圍也是香港有名的圍村。香港現存的圍村均位於新界，過去也有一些圍村位於九龍，但已遭清拆。

1. 圍村的分佈和特色

香港的圍村是如何分佈的？試用地理資訊系統（Geographic Information System, GIS）或地圖標示出來。圍村多集中在哪裡？原因為何？圍村的位置與地勢和風水又有沒有關係？除了城牆之外，圍村有什麼特別的建築設計？它們如何用來防禦盜賊？圍村內部又有特別的規劃嗎？試以數個圍村作個案研究，比較建築設計和結構上的異同。時代變遷，現在的圍村尚有什麼文化和經濟價值？

2. 文物保育措施的成效

香港的文化遺產和文物保育多止於立法保護，在推廣層面仍然有所欠缺。試以屏山文物徑作個案研究，檢視文物徑的保育方法和導賞設施。這些方法和設施是否有效提高參觀者對保育的意識？參觀者的意見又如何？傳意牌等設施足以令參觀者了解文物和建築物的歷史嗎？你能從中國內地和外國的例子中找到更合適的保育方法嗎？

大埔墟
十五分鐘生態遊

　　香港的市區蘊藏著豐富的生態資源。只要細心留意，每每有新的發現。相約朋友，對方卻要稍遲才到，你會怎麼辦呢？如果見面的地點是大埔墟，你大可沿著港鐵站外的林蔭道繞一圈。當你走完這十五分鐘的路程，你或會驚訝原來有這麼多行道樹（roadside tree）井然有序地生長在路旁。

▲▲ 石栗

▲▲ 銀合歡

▲▲ 石栗果實

　　只要你踏出港鐵站，向的士站方向的迴旋處遙望，便可以見到一棵銀合歡（*Leucaena leucocephala*, White Popinac），這就是大埔區環境綠化的成效了。

高大的石栗

　　走過的士站，首先可以見到右邊有一系列高大且筆直的樹木，是常見的行道樹，它們是石栗（*Aleurites moluccana*, Candlenut Tree，又名 Common Aleurites）。

　　石栗高大筆直的身子，既能綠化環境，又不會阻擋道路使用者視線。但石栗的果實十分堅硬，大家要留意掉下的果實。駕車人士也應避免把車子停泊在石栗樹下呢！

穿過行人隧道，會見到道路兩旁種植了不少植物，包括血桐（*Macaranga tanarius*, Elephant's Ear）、雙翼豆（*Peltophorum pterocarpum*, Yellow Poinciana）、木棉（紅棉，*Bombax ceiba*, Tree Cotton，又名 Red Kapok Tree）、鳳凰木（影樹、火鳳凰，*Delonix regia*, Flame of the Forest）等。當中要選一棵代表英雄，不知大家會選哪一棵呢？是有「大象耳朵」之稱的血桐？還是外形像傘子的鳳凰木？

▲▲ 血桐　　　　　　　　　　▲▲ 血桐的葉

英雄樹

　　木棉樹於春末時，會落下像紅色羽毛球般的花朵，遍佈地上。它和石栗一樣擁有筆直的身子，可以長至二十五米高。它的「正直」和「上進」令人不期然將它和英雄聯想在一起，所以有英雄樹之稱。但你可不要嘗試去觸摸這

▲▲ 木棉

位英雄！它的樹幹滿佈圓錐形短刺。原
來不是所有「英雄」都是平易近人呢！
木棉的特質也令它被選為導向樹，令司
機留意前方道路方向的轉變。

▲▲ 木棉花

▲▲ 木棉樹幹

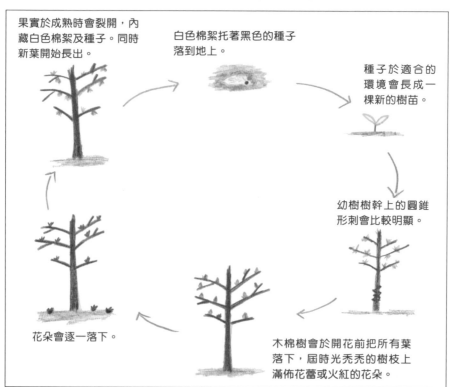

果實於成熟時會裂開，內
藏白色棉絮及種子。同時
新葉開始長出。

白色棉絮托著黑色的種子
落到地上。

種子於適合的
環境會長成一
棵新的樹苗。

幼樹樹幹上的圓錐
形刺會比較明顯。

木棉樹會於開花前把所有葉
落下，屆時光禿禿的樹枝上
滿佈花蕾或火紅的花朵。

花朵會逐一落下。

▲▲ 木棉成長過程

森林之火焰

　　另一種值得留意的植物是有「森林之火焰」（Flame of the Forest）之稱的鳳凰木。它常被種植於路旁和公園內。鳳凰木的葉片在樹頂向橫伸展，大得像把傘，讓人乘涼。到了初夏，鮮紅色的花佈滿樹頂，只要遠眺路旁一列的鳳凰木，不難想像到為何它被叫作「森林之火焰」了。大家不妨在它開花時到樹下找個位置細心欣賞，原來路旁的植物也如此美不勝收。

▲▲ 鳳凰木

　　有沒有留意中高緯度地區的樹木（如松樹），其形態為什麼多是又高又長呢？熱帶地區樹木（如鳳凰木）的樹冠反而要像雨傘一樣？原來這些都是跟日照角度有關。中高緯度地區的太陽不會升到很高，在秋冬季尤甚。為了爭取最多陽光進行光合作用，樹木惟有長得又高又長，盡量吸收從側面低角度而來的陽光。相反，熱帶地區太陽常升到天頂，傘形樹冠可以盡用面積吸收從上而來的陽光。

鳳凰木甚有觀賞價值，但它的葉子多而且小，落葉時遍地葉子，怎樣掃也掃不完，落在溝渠內的葉子就更難清理了。所以，對於清潔街道的工人來說，它們代表著做不完的工作呢！

過了這一段林蔭路，就會經過另一條行人隧道，你會感受到何謂「柳暗花明又一村」：走過這段路，會置身於另一條用行道樹築成的隧道。這條清幽的隧道阻擋了猛烈陽光，行人可以在此乘涼。不過，你可不要因為這樣的美景而流連忘返，忘記你和朋友的約會啊！

▲▲ 中高緯度地區的樹木形態

百年開花的黃槐

回程時，你會再次見到「森林之火焰」。你可以嘗試沿途找找黃槐（*Cassia surattensis*, Sunshine Tree）——一種樹頂滿佈黃色花朵的樹木。黃槐是常綠（evergreen）植物，全年

開花長葉，不會光禿禿呢！它穿著綠色的大衣，戴著一頂鮮黃色帽子，與這裡的植物爭妍鬥麗。觀賞樹這名字對它來說絕對是當之無愧！沿途你還可以見到不少黃槐的樹苗，它們也靜待展現美態的一天呢！

▲▲ 黃槐的花　　　　　　　　　　　▲▲ 黃槐

其他常見的喬木

　　是時候回去找朋友了。只要繞過球場向行人隧道的方向走，就可以很快回到港鐵站。這裡還有幾種樹，包括大花紫薇（*Lagerstroemia speciosa*, Queen Crape Myrtle）、細葉榕、海杧果（*Cerbera*

▲▲ 細葉榕

大埔墟站

林村河

▲▲ 大花紫薇

manghas, Cerbera）、
落 羽 松（*Taxodium
distichum*, Deciduous
Cypress）等。只要你願
意付出短短的十五分鐘，
定能增加對行道樹的認
識。

▲▲ 落羽松　　　　　　　▲▲ 大花紫薇

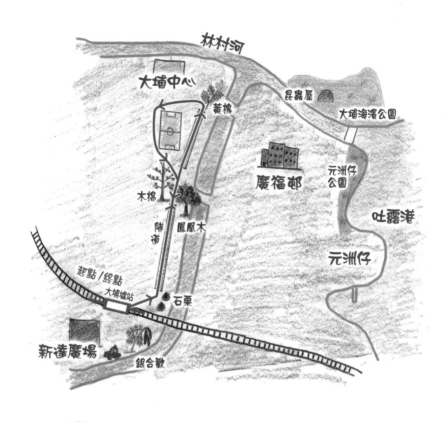

旅程資料	位置 新界中	行程需時 15 分鐘	行程距離 少於 1 公里
	主題　市區常見植物		

路線	大埔墟港鐵站 ▶ 的士站方向行人路 ▶ 行人隧道 ▶ 王肇枝中學旁行人路 ▶ 行人隧道 ▶ 球場 ▶ 沿路回程

前往方法　大埔墟港鐵站。

生態價值指數	文化價值指數	難度	風景吸引度
★★★	-	★	★★

考考你

1. 市區行道樹有什麼共同的特點？
2. 你認為在市區廣植樹木有什麼好處？
3. 你家附近也有類似的短途生態路線嗎？

延伸思考

大埔墟的十五分鐘生態遊點出了市區綠化帶的重要性。事實上，市區植樹的學問與郊野植樹有別。市區行道樹的種植多考慮觀賞價值、實際用途、生長形態、安全、經濟效益和園藝要求等，生態價值、生態角色和營養需求反是其次。

1. 市區行道樹的種植要求

在大埔墟一帶考察各種行道樹的特徵，歸納出成為行道樹的必要條件。研究可從花果期、顏色、實際用途（如中國內地或部分國家行道樹的部分樹幹被髹上白色，以協助汽車在夜間辨別道路）、生長形態（樹幹形態、樹冠形狀等）、是否具有毒性、種植和園藝修護成本等作考慮。亦可訪問園藝師，深入了解行道樹種植的規劃、品種選擇、育苗、移植、施肥和園藝打理的詳細情況。

2. 市區綠化帶的分佈

利用空中照片和地圖，統計市區綠化的面積比例。此研究可以香港的市區面積為單位，也可以某指定區域為單位，例如大埔墟或將軍澳。同時，亦可以比較新市鎮與內城區（inner city，如觀塘、深水埗）在綠化率上的差異和箇中原因。利用空中照片計算綠化面積時，選擇以紅外線拍攝的假色照片（false-color image）會較容易分辨植物。在紅外線拍攝技術下，植物會被攝為紅色，突出於周邊環境。假色照片、一般的空中照片和地圖在地政總署測繪處有售。土木工程拓展署的網頁亦載有指定區域的綠化總綱圖，可作參考。

九龍公園 市區中的綠洲

　　九龍公園於一九七〇年六月啟用，面積達十三點三公頃。它的前身是威菲路軍營，是軍事重地，小山丘上更有炮台。今天公園裡面有游泳池，亦有滿是鴨兒和紅鸛的水池，但你是否喊得出那些和你朝夕相見的植物？你又是否有留意過這些「平凡」植物的獨特之處？

蚌殼上的花

　　如果你從港鐵出口進入九龍公園，穿過攀滿翠綠攀緣植物的拱門，多行幾步就會看見一排蚌花（*Tradescantia spathacea*, Oyster Plant），再行前一點，更會見到一個小斜坡種滿蚌花。蚌花又名紫萬年青，屬鴨跖草科。它的葉面綠色，葉底卻是紫色，是多年生的草本植物。蚌花於六至十一月開花，花白色，彷彿盛載於紫色蚌殼狀的小船中。

「無花果」

　　青果榕（*Ficus variegata var. chlorocarpa*, Common Red-stem Fig）是香港常見的喬木，它屬於桑科的香港原生植物（native plant），五至十二月開花。不過，青果榕的花並不平凡，榕屬植物的花都屬於隱頭花序，即俗稱的「無花果」。它們並不是真的沒有花，只是脹大了的花托把細小的花包裹，形成果的樣子。「無花果」頂端有一個小孔，雄花在小孔附近生長，而雌花則在「果」的內部，離小孔比較遠。由於結構特別，榕屬植物只能「專一」地依靠榕小蜂幫它

▲▲ 蚌花

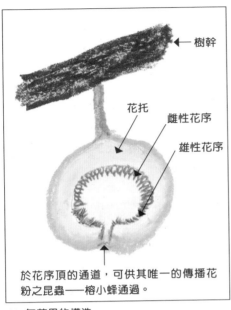

樹幹 ←

花托

雌性花序

雄性花序

於花序頂的通道，可供其唯一的傳播花粉之昆蟲——榕小蜂通過。

 無花果的構造

 青果榕

們傳播花粉。榕小蜂會在隱頭花序內產卵，孵化和成長後的榕小蜂會鑽出無花果的小孔，身上並沾了花粉，當牠們去到別的「無花果」產卵時便將花粉傳播到雌花。如果有一天世界上再沒有榕小蜂的話，榕樹就有難了！

細葉榕的氣根

　　另一種香港常見的桑科榕屬樹木是細葉榕，長而密的氣根是它的特徵，而氣根則有支撐樹木本身重量和吸收水分的功能。細葉榕在五至十二月開花，是香港的原生植物，但外表閒雅的榕樹也

 青果榕的果

可以是兇殘的「殺手」。當動物吃了榕樹的
果實，把種子排在其他植物的枝幹上，萌生
的小榕樹便會生出不定根，像附生植物一樣

纏繞著寄主樹
來支撐身體，
並慢慢將它包
圍、勒緊、絞
殺。除了其他
植物，在錦田
有棵細葉榕甚

▲▲ 細葉榕

至用氣根包圍著一所房子呢（見《生態悠悠行
（增訂版）》〈錦田〉一文）！

綠精靈

不單在九龍公園，你還可以在本港其他
公園，甚至路邊看見合果芋（*Syngonium
podophyllum*, African Evergreen）。它又稱

▲▲ 細葉榕的氣根

綠精靈、白斑葉或白蝴蝶，是天南星科的多年生草本植物。它的莖蔓生，可
攀附其他植物。它的葉片不是純綠色，而是帶有白色斑紋，顏色特別，所以
常用作園藝觀葉植物。合果芋的葉除了顏色特別，其形狀也不平凡。它的幼
葉呈箭形，故英文名為 Arrow-head vine，但葉形會隨成長而改變；年長的

合果芋的葉則呈三
裂或五裂狀。

▲▲ 合果芋

熱帶雨林的「鳥巢」

九龍公園內的小丘山上有一個雀鳥園，園邊有很多巢蕨。巢蕨是鐵角蕨科的草本植物，葉片圍住中心點生長，整株形狀如雀巢，而中心位置更常常盛著水或來自枯葉的腐植質（humus）。掀起葉底一看，更會發現一排又

▲ 巢蕨

一排的啡色孢子囊，順著葉脈生長。巢蕨不一定生於地上，還可附生在樹的枝椏上。附生植物是熱帶雨林（tropical rainforest）生態系統中的一個重要特徵。因為那裡的樹木長得又密又高，有些樹可達六十米或以上，比較矮的植物無法吸收陽光。附生植物附在其他喬木上生長，便容易吸取陽光進行光合作用。

▲▲ 魚尾葵

魚尾狀的葉

九龍公園內不難發現一些葉緣不整齊而葉片呈魚尾形狀的植物。它們是魚尾葵（*Caryota ochlandra*, Fishtail Palm）。魚尾葵屬棕櫚科，於五至七月開花，而果實則紫色和渾圓，一串串的掛在樹幹上。魚尾葵源自南中國，因為它適合在溫暖潮濕的環境生長，是本港常見的園林植物。

看大紅花認識植物結構

▲▲ 大紅花

相信大家對大紅花（*Hibiscus rosa-sinensis*, Chinese Hibiscus）都不會陌生。以前的小學教科書更會以大紅花作例子介紹花的結構，如雄芯、雌芯、花瓣和花托等。大紅花又名朱槿或扶桑，屬錦葵科的灌木，全年開花，是很常見的園林植物，更有利尿的藥效。大紅花更被外國人稱為「Rose of China」（中國的玫瑰），的確名副其實。

你定會留意一些花全年開花，有些則只開數月。不同品種的花有不同的花期，是要配合植物自身的生長週期、生長地區的天氣和傳播花粉的媒介。大部分的花都不在冬天開花，因為低溫有礙植物生長，而且傳播花粉的動物在冬天可能較不活躍。不過在全球暖化的影響下，氣候（尤其是溫度）轉變，打亂了植物的開花時節。一些植物，例如杜鵑、木棉亦因為冬季較為和暖、

▲▲ 垂柳

春天較早來到，出現提早開花的情況。花期改變，蜜蜂、雀鳥等協助傳播花粉、種子的動物或昆蟲有機會未能配合，引致更多生態問題出現。

含阿斯匹靈成分的垂柳（*Salix babylonica*, Weeping Willow）常在水池邊輕擺纖枝，顯得那樣優雅和弱不禁風。垂柳屬楊柳科，花期為三至四月，喜歡生長於水邊。有云「有心栽花花不成，無心插柳柳成蔭」。的確，把垂柳的折枝插在泥裡仍可獨立成長。你看，麻雀們很喜歡把它當成「聚腳點」呢！柳除可作觀賞植物，亦有藥效。一位美國學者於一九七五年發現柳的汁液中含水楊酸，是阿斯匹靈的主要成分，可解熱鎮痛。

市肺

九龍公園無疑是石屎森林中的綠洲！在大廈林立、車水馬龍的都市，九龍公園大概可成為繁忙生活的中和劑吧！植物的翠綠不單悅目養眼，植物本

▲▲ 日本葵

▲▲ 木棉花葉並存是氣候變化的警號

▲▲ 洋紫荊

身更會透過光合作用吸收二氧化碳（carbon dioxide）和釋放出氧氣（oxygen），淨化污濁的空氣，令城市的空氣更清新，而且在繁忙的路邊種植樹木更有一些隔音的功效。九龍公園大片的綠化帶更有助紓緩尖沙咀熱島效應。下次經過九龍公園，不妨放慢一點腳步，入內散步一會，了解一下既常見又陌生的動植物，欣賞一下這個市區中的綠洲吧！

魚尾葵

合果芋

巢蕨

垂柳

青果榕

細葉榕

蚌花

大紅花

九龍公園

尖沙咀站
A出口

旅程資料	位置 九龍	行程需時 1.5 小時	行程距離 -
	主題　市區常見植物		

路線　九龍公園

前往方法　由尖沙咀港鐵站 A 出口進入九龍公園。

生態價值指數	文化價值指數	難度	風景吸引度
★★	-	★	★★

考考你

1. 比較九龍公園內外的氣溫（air temperature）。是什麼因素導致溫度差異？

2. 市區公園（urban park）的設立對生活質素有什麼影響？

延伸思考

作為九龍半島其中一個最大的綠化帶，九龍公園對平衡尖沙咀這商業中心區（central business district, CBD）的發展十分重要。在商人眼中，九龍公園位處香港中心，土地價值不菲；在環保人士眼中，九龍公園這綠化帶紓緩了熱島效應（urban heat island effect，見《生態悠悠行（增訂版）》〈熱島效應〉一文），具有重要的環境價值。

1. 綠化帶與熱島效應的關係

以線性取樣方法，在同一樣線（transect）上按固定距離量度氣溫。為清楚表示綠化帶與熱島效應的關係，該樣線應橫跨九龍公園、商業用地和主要交通幹道。量度氣溫時盡量在同一時間量度，以減低因日照（insolation）不同而造成的差異。研究時亦可分別在日間和晚上搜集數據，以便了解熱島效應的全面影響。把數據繪在地圖上以闡釋氣溫和土地利用（landuse）的關係，同時找出市區的主要熱源。針對研究數據，有什麼措施可有效紓緩熱島效應呢？

2. 內城區綠化

香港的內城區綠化帶多以拼湊形態出現，大小不一，也缺乏詳細規劃，既難以有效紓緩熱島效應，也不能為居民提供足夠的休憩場地；新市鎮的綠化規劃較為全面，能照顧不同使用者的需要。試參考新市鎮的綠化工作，並選定一內城區作個案研究，按地區特色，為該區提出專門的綠化方案，當中亦可考慮天台綠化（rooftop greening）的可行性，把建築與可持續發展融合起來。新加坡由過去的花園城市（garden city），發展至今日的花園中的城市（a city in a garden），其都市綠化策略非常值得參考。

大頭洲
奇石處處

　　石澳除了著名的大浪灣（見《生態悠悠行（增訂版）》〈石澳─大浪灣〉一文），還有一處生態旅遊的理想地點，那就是位處石澳村附近的大頭洲。這個島的面積其實還不足五公頃，但島上佈滿奇岩怪石，絕不亞於遠遠座落在香港島南面的蒲台島。從巴士總站經石澳村路和石澳山仔路前進，經過石澳山仔的小丘後會見到「石澳海角郊遊區」的指示牌。這裡可看到對開海面有

▲▲ 左往石澳村路

兩個小島——左面的一個是大頭洲，右面的一個叫五分洲。原本前往大頭洲並不需要乘船或涉水，只需經過一道橋即可。可惜這道橋在二〇一八年九月被超強颱風「山竹」襲港期間的巨浪摧毀。你可想像當時的海浪是何其巨大嗎？隨著全球暖化，海水溫度上升，意味著有更多熱能被海水儲存起來，因此將有越來越多的超強颱風形成。香港屬沿海城市，超強颱風所帶來的破壞實在不容忽視。誰說全球暖化還是遙遠的事，與我們無關？新橋預計於二〇二一年完成，在此以前，我們還是只好遠眺大頭洲，不宜涉水渡過了。大頭洲和石澳山仔之間其實也有連島沙洲（tombolo）把兩地連接起來，不過沒有馬屎洲的明顯。有關連島沙洲的形成，可參閱本書〈馬屎洲〉的介紹。

▲▲ 沿路往石澳山仔路

▲▲ 由左面的梯級往大頭洲

▲▲ 原來的橋的殘骸散落一旁

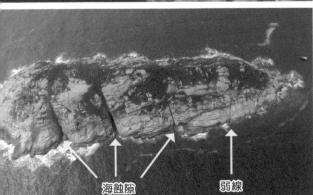

海蝕隙   弱線

▲▲ 五分洲，可見三條清晰的海蝕隙和最右的一條弱線。

▲▲ 連島沙洲

大頭洲

連島沙洲

大頭洲

連島沙洲

海蝕隙

▲▲ 五分洲另一面亦有海蝕隙

地質背景

　　大頭洲與蒲台島同樣擁有大量的奇岩怪石，這並非巧合，箇中原因是兩島均由同樣岩石——花崗岩（granite）——所形成。香港有百分之八十五的岩石是以由經過火山作用（vulcanicity）所產生的火成岩（igneous rock）組

▲▲ 島上的花崗岩

成。其中花崗岩佔香港總面積約百分之三十五（見《生態悠悠行（增訂版）》〈蒲台島〉一文）；花崗岩也是常見的建築材料，用作堆砌花槽和牆壁。花崗岩的形成，與侵入性火山活動（intrusive vulcanicity）有關。當岩漿（magma）由地幔（mantle）沿裂縫侵入至地殼（crust），並於地殼深處冷卻，就成為了花崗岩，情況與鐵礦的形成類似（見《生態悠悠行（增訂版）》〈馬鞍山〉一文）。花崗岩本是深成岩（plutonic rock），在地殼深處形成。但億萬年來的風雨把岩石表面的泥土和岩石侵蝕（erosion），原本深藏於地底的花崗岩在今天顯露出來了。

▲▲ 花崗岩是常用的建築材料

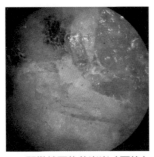

▲▲ 顯微鏡下的花崗岩（兩倍）

花崗岩在地殼深處形成，岩漿冷卻時間長，岩漿中的礦物因而有較多時間進行結晶，形成花崗岩粗顆粒的特徵。岩石中的石英（quartz, SiO_2）、雲母（mica）和長石（feldspar）成分均可以肉眼清晰分辨。在結晶過程中，物質從溶液（如岩漿）中結晶（crystallize）成具規則結構的固體，體積因而變大。在製鹽的過程中也有應用到結晶這原理，鹽在飽和的海水中漸漸結晶，最後成為鹽粒（見本書〈大澳〉一文）。

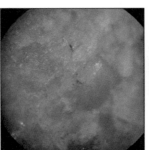

▲▲ 顯微鏡下的石英（四倍）

▲▲ 顯微鏡下的雲母（四倍）　　▲▲ 顯微鏡下的長石（四倍）

▲▲ 顯微鏡下的沉積岩（兩倍），當中沒有結晶，與花崗岩（火成岩）不同。

不過，花崗岩只是一個統稱，按其中礦物含量的比例、顆粒大小和形成時期的差異，香港的花崗岩可再細分為數種，並以其發現的典型地點命名。蒲台島的花崗岩因此被稱為白堊紀蒲台花崗岩（Cretaceous Po Toi Granite），大頭洲上的花崗岩亦同屬此類別。花崗岩天生多有裂縫，地質學上稱之為節理（joint）。花崗岩在地底深處形成，承

受巨大壓力；當表層泥土岩石被侵蝕（erode）後，壓力釋放，節理因此而生。節理為雨、浪提供極好的花崗岩風化起始點。在香港熱帶（tropical）潮濕的氣候下，花崗岩被「洗鍊」為不同形態。奇岩怪石在人們豐富的想像力之下變得各具特色，例如獅子山、望夫石和土瓜灣魚尾石就是大自然雕琢花崗岩的上佳例子。

▲▲ 從大頭洲遠眺，只見汪洋一片，至七百公里外才有另一海島——台灣。

白頭浪

與石澳大浪灣一樣，大頭洲同樣要面對東面而來的海浪拍打。在大頭洲東面的海洋浩瀚非常，遠至七百公里外才有台灣島作阻隔，因此吹程（fetch，見《生態悠悠行（增訂版）》〈釣魚翁〉一文）

很長，海浪的能量也大。遇上強風的日子，海浪拍打岸邊的能量更是數以十噸計。海浪靠近岸邊時往往形成碎浪（白頭浪，breaker）。海浪靠岸時被漸漸變淺的海床抬升，並在強風的影響下崩解，形成水花（foam）。一般海水的水滴吸收陽光，看上去沒有顏色；但水花中的氣泡（空氣）卻不能有效吸收陽光，當陽光光線折射到眼睛時，碎浪看上去就成了白色。碎浪是風速指標，離岸較遠的碎浪一般在風勢達蒲福氏（Beaufort）三至四級（即風速達每小時十三至三十公里）才會出現。在這樣的風勢下，乘風帆出海才有點速度，所以一定數量的碎浪是風帆愛好者的至愛。

▲▲ 海蝕崖和海蝕平台

海岸地貌發展

島上的路徑雖有些分岔路，但都殊途同歸，不易迷路。路的盡頭是海蝕崖（sea cliff）和海蝕平台（wavecut platform）。海蝕崖和海蝕平台不是在東平洲（見本書〈東平洲〉一文）也見

過嗎？更樓石向海一面的垂直面就是
海蝕崖了。但別忘記東平洲的地質從
岩石類別和形成年份均與大頭洲的截
然不同。你看得出兩地的海蝕崖和海
蝕平台有什麼分別嗎？

　　大頭洲南面是著名的五分洲。五
分洲北面（向大頭洲一面）有三條明
顯的海蝕隙（geo，見本書〈東龍洲〉
一文）。其實大頭洲本身也有數條海蝕
隙，不過它們的位置離山徑較遠，也
有植被（vegetation）覆蓋，故不容
易考察，所以還是觀察五分洲的較為

▲▲ **大頭洲上的海蝕隙**

清楚。與河流的侵蝕過程一樣，透過水力作用（hydraulic action）、磨蝕作
用（abrasion）和溶蝕作用（solution），大頭洲和五分洲的岸邊岩石被侵蝕

海蝕隙

▲▲ 惡劣的環境反而促進了植物的生長

（見《生態悠悠行（增訂版）》〈新娘潭〉一文），上方岩石亦因缺乏支撐而倒塌，海蝕隙就是在這種重複的侵蝕過程下漸漸形成。值得注意的是，海岸地貌眾多，看似雜亂，但其實是有其特定的形成關係：海蝕崖和海蝕平台是雙生兒；海蝕洞（sea cave）、吹穴（blow hole）、海蝕隙、海蝕拱（sea arch）和海蝕柱（sea stack）又是祖父孫的關係。你在其他路線上看得到這些海岸地貌嗎？從大頭洲和五分洲的例子，你能推算它們過去和未來的模樣嗎？

▲▲ 花崗岩上佈滿節理

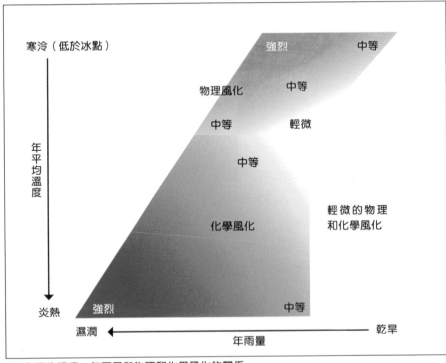

▲▲ 年平均溫度、年雨量與物理和化學風化的關係

大頭洲

起點/終點

石澳村路

迴旋處

石澳山仔路

連島沙洲

涼亭

海蝕崖和海蝕平台

五分洲

旅程資料

位置	行程需時	行程距離
港島東南	40 分鐘	2.3 公里

主題	海岸地貌

路線	石澳巴士總站 ▶ 石澳村路 ▶ 石澳山仔路 ▶ 石澳海角郊遊區 ▶ 大頭洲 ▶ 沿路回程
前往方法	在筲箕灣港鐵站乘 9 號巴士,於石澳道巴士總站下車。
注意事項	島上不設洗手間和飲食設施,出發前要準備妥當;部分位置地勢險要,考察時請沿山徑行走。

生態價值指數	文化價值指數	難度	風景吸引度
★★	-	★	★★★

考考你

1. 東平洲與大頭洲的地質有什麼分別？哪種岩石有機會含有化石？

2. 遊人是如何利用大頭洲上的天然地貌進行康樂活動？

延伸思考

地質學把花崗岩再細分為若干類別，蒲台島是其中一類花崗岩的命名地。但蒲台島交通不便，鄰近石澳的大頭洲就成了折衷之選。這些花崗岩約在一億四千萬年前形成，同類型的岩石在春坎角和螺洲亦有出現。

1. 地質和地貌關係

大頭洲的花崗岩在一億四千萬年前形成；東平洲的沉積岩（sedimentary rock）則在五千萬年前形成，兩者相差九千萬年。試從岩石的形成方式、時間、礦物成分和物理特徵等方面作比較。岩石的物理特徵，例如節理、層狀結構等是如何影響地貌的發展呢？考察時不妨比對兩個小島的相同地貌，了解形成過程中的異同和箇中原因。研究時亦可參考糧船灣洲一帶的六角形火成岩石柱，那裡的石柱具有垂直節理，與它們相關的海蝕崖又有什麼特徵？

2. 惡劣環境下動植物的適應方式

在「適者生存」原則下，動植物透過進化改變身體外形和生理結構，以適應惡劣的外在環境。大頭洲風勢強勁，蒸騰（transpiration）增加，植被容易流失水分。大頭洲上的植被是如何適應或逃避這樣的環境呢？試透過空中照片和實地考察找出答案。島上植被的分佈有一定規律嗎？與什麼因素有關？植被的生長形態與沒強風影響的地區（如市區）比較，有顯著分別嗎？試把這些現象與東龍洲的作一比較。

龍鼓灘

陸上觀海豚之地

是不是只有乘船出海才能一睹中華白海豚呢？有沒有想過觀豚也可在陸上進行？大家可以嘗試前往位於屯門龍鼓灘旁的中華白海豚瞭望台，在能見度較高的日子，加上一點點運氣，便有機會在這瞭望台看到中華白海豚的芳蹤，既方便又免卻乘坐觀豚船。在龍鼓灘巴士總站下車後橫過馬路，沿小路轉右，龍鼓灘便映入眼簾。路旁有商營燒烤場，吸引不少遊人於假日前往。在沙灘

▲▲ 龍鼓灘巴士總站

▲▲ 龍鼓灘發電廠

望向左方，可見到兩支煙囪聳立在海邊，這正是中華電力公司位於踏石角的發電廠。

東西地貌大不同

　　在世界地圖上，香港雖小得只能以一黑點來表示，但其東西兩岸的地貌卻有很大的差異，這與岩石的分佈有關。由於岩石的形成過程和時序不同，香港東部以抗蝕力（resistance）較高的火山岩（volcanic rock）為主；中西部則以抗蝕能力較低的花崗岩為主，所以香港東部山勢陡峭，西部則沒有太多高山。植被方面，香港的盛行風（prevailing wind）為東風，東部常受潮濕的向岸風（onshore wind）影響，水分充足；相反西部雨水較少，植被覆蓋度因此遠低於東部。

▲▲ 突岩

環顧四周，這一帶的山頭散佈著很多大石塊，它們叫突岩（tor）。這些突岩原本位於地底深處，當覆蓋它們的表層岩石被侵蝕後才暴露於眼前（見《生態悠悠行（增訂版）》〈石澳—大浪灣〉一文）。換句話說，我們現在身處的空間不過是過去的地底而已。這些突岩在受嚴重

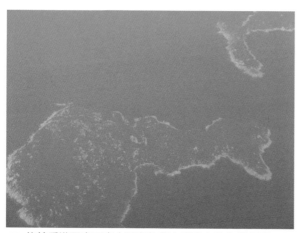

▲▲ 位於香港西南面南中國海的萬山群島上亦佈滿突岩，可見島上侵蝕嚴重。

侵蝕的地方極為普遍，在蒲台島和大頭洲上也有很多（見《生態悠悠行（增訂版）》〈蒲台島〉和本書〈大頭洲〉二文）。

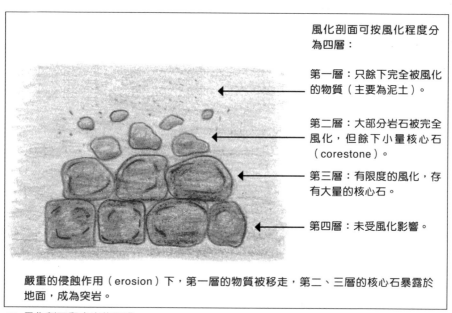

風化剖面可按風化程度分為四層：

第一層：只餘下完全被風化的物質（主要為泥土）。

第二層：大部分岩石被完全風化，但餘下小量核心石（corestone）。

第三層：有限度的風化，存有大量的核心石。

第四層：未受風化影響。

嚴重的侵蝕作用（erosion）下，第一層的物質被移走，第二、三層的核心石暴露於地面，成為突岩。

▲▲ 風化剖面和突岩的形成

突岩
中華白海豚
瞭望台

▲▲ 突岩散佈在附近的山頭

▲▲ 瞭望台

沿指示牌登上梯級，可到瞭望台。如果想一睹中華白海豚的話，還要準備好望遠鏡。觀豚是講求耐心和反應的活動，在茫茫大海中，哪兒會有海豚出現還說不定。加上近年中華白海豚數量大跌，如果真的看到，真是十分幸運呢（見本書〈大澳〉一文）！

▲▲ 往瞭望台

走到瞭望台盡頭，往北面看會發現地面有很多大大小小的深坑，這些深坑叫沖溝（gully）。香港西部的植被較少，在欠缺植被根部的保護下，土壤鬆散；直接的日照也蒸發了泥土中的水分，泥土變得乾旱並且出現裂縫（crack）。下雨時，雨水將泥土沖走，裂縫開始擴展。經過重複的雨水沖刷侵蝕，沖溝變得又深又長。有關沖溝的形成，可參考《生態悠悠行（增訂版）》〈大棠自然教育徑〉一文。

▲▲ 不同大小的沖溝

選址的學問

香港現時共有三座主要的發電廠，由兩家電力公司營運。三座發電廠分別位於青山、龍鼓灘和南丫島。打開地圖，可發現這三座廠房的位置均有些共同之處：它們都位於岸邊，既方便利用水路卸下燃料（主要是煤），也方便透過填海取得大片平地。看看地圖和空中照片，可見三座發電廠都設有大型碼頭和裝卸設備；海岸線十分筆直，是填海後的痕跡。另外，香港的盛行風為東風，所以香港的發電廠亦位處西部下風面（downwind side），令產電的空氣污

▲▲ 位於曾咀的煤灰湖（pulverized fuel ash lagoon），對岸是蛇口。

染物可以被吹散至珠江河口一帶，不致
影響本港市區和其他地區，減輕空氣污
染對人的影響。

燃料的選擇

除僅僅一座位於南丫島的風力發
電機（見《生態悠悠行（增訂版）》
〈南丫島〉一文）外，香港現時境
內的產電燃料全為化石燃料（fossil
fuel），當中包括煤和天然氣（natural
gas），其中以煤所引發的污染問題最

▲▲ 地下天然氣管指示牌

為嚴重。煤是人類最早使用的能源之一，自十八世紀初蒸氣引擎面世後，煤
就被廣泛應用於工業。可以說，沒有煤，就沒有工業革命。煤的蘊藏量豐富，
開採成本和價錢便宜，又可利用海路運送；與木炭相比，煤容易運送，分量
也容易控制；化學成分上，煤的碳（carbon）比例高，所以能提供穩定而持
久的能量。不過煤在開採或使用時均引發很多環境問題：

● 採煤多無可避免砍伐植被，破壞生態環境；
● 從煤坑挖掘出大量泥石，這些廢石堆（spoil heap）造成土地污染；
● 煤燃燒時會產生懸浮粒子，形成煙霞（smog）；
● 煤燃燒後餘下煤灰（coal ash），沒加以處理的話會造成水污染和空
氣污染；
● 煤中的硫（sulphur）和碳亦會分別產生酸雨（acid rain）和二氧化
碳這種溫室氣體（greenhouse gas）。

與煤相比，天然氣則潔淨得多。天然氣的主要成分是甲烷（methane,
CH_4），常伴隨石油一同出現。當動物屍體在厭氧（anaerobic）環境下分解

▲▲ 天后廟

時，就會產生甲烷。天然氣燃燒時較煤產生更少污染物，亦可利用喉管或液化作長途運送。香港逾六成的溫室氣體源自產電，在全球暖化的威脅下，天然氣更顯優勢。燃氣產電所產生的溫室氣體比燃煤少一半，有助紓緩全球暖化。香港超過一半電力由燃煤而來，而燃氣發電的比例只有兩成，可見在空氣污染和全球暖化這兩個議題上，香港仍有很大的改善空間。香港政府現正鼓勵電力公司多使用天然氣，希望最終有六成電力由天然氣而來，減少空氣污染物和溫室氣體的排放。

天后廟

　　從瞭望台沿梯級折返，路上有一座天后廟。天后廟在香港以至華南地區都很普遍（見本書〈分流〉一文）。龍鼓灘的天后廟歷史悠久，雖然建廟年份未能考究，但廟中的光緒二十四年（一八九八年）重修碑誌卻是重要的參考，標誌著這一帶漁民活動的歷史。廟外有浮雕，甚具特色。

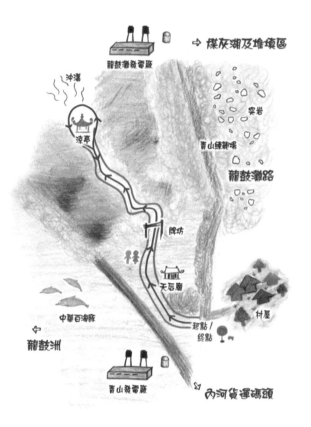

龍鼓灘發電廠　　⇨ 煤灰湖及堆填區

沖溝

涼亭

突岩

青山練靶場

龍鼓灘路

牌坊

天后廟

中華白海豚

起點／終點

村屋

⇦ 龍鼓洲

青山發電廠

⇨ 內河貨運碼頭

旅程資料

位置	行程需時	行程距離
新界西北	45 分鐘	1 公里

主題	能源選擇

路線　龍鼓灘巴士總站 ▶ 中華白海豚瞭望台 ▶ 天后廟 ▶ 沿路回程

前往方法　於屯門港鐵站乘 K52 號巴士至龍鼓灘巴士總站。

生態價值指數	文化價值指數	難度	風景吸引度
★★	★	★	★★★

考考你

1. 香港東西兩面的岩石有什麼分別？為什麼？

2. 沿沖溝小心考察，沖溝中的泥土最終去了哪裡？

3. 山坡上不同方位的植被種類有什麼不同？原因為何？

延伸思考

據環境保護署的資料，龍鼓灘過去的水質多介乎一般至欠佳之間，反映大腸桿菌（*Escherichia coli*）含量偏高；環保組織「綠色和平」在二〇〇五年十月表示飛灰（fly ash）經化驗後發現含有重金屬致癌物，擔心煤灰隨風飄浮，危害公眾安全；駛經龍鼓灘路的重型車輛亦為該區製造了不少噪音和空氣污染。在各種污染下，龍鼓灘並不是理想的住宅和商業發展地點，故該區只有零星的發展，例如燒烤場和小型賽車場。

1. 高污染設施區域的規劃

龍鼓灘位於香港西陲，設有發電廠、煤灰湖、堆田區、廢物回收場、內河碼頭、操炮區（firing range）和污泥處理設施（sludge treatment facility）等不受歡迎的高污染設施。透過地圖和實地考察，了解政府對該區有什麼特別的規劃去紓緩該等設施所造成的種種問題。試訪問該區的居民和議員，了解一下他們的看法。有什麼因素令居民繼續留在該區？推因素（push factor）和拉因素（pull factor）可以應用得上嗎（見本書〈沙羅洞〉一文）？

2. 發電廠選址

除了龍鼓灘一帶外，香港還有哪些地點適合建造發電廠？火力發電廠（thermal power station）是高污染工業，必須遠離民居，哪裡可建造再生能源發電設施呢？假如現有的發電廠需要搬遷，你會提議新址在哪裡？規劃時可從地勢、填海難度、生態環境、氣候要素、人口密度、發電模式（非可再生／可再生能源）等方面作考慮。香港南面亦有不少人跡罕至的島嶼，那些島嶼又合適設立發電廠嗎？

3. 沖溝的分佈模式

在瞭望台附近的山丘上有不少沖溝。在全球定位系統（Global Positioning System, GPS）和空中照片的協助下，在大比例地圖上標出沖溝位置。也利用水平儀和尺，記錄坡度（gradient）和各沖溝的長度、闊度和深度，並找出兩者的關聯。沖溝的分佈有一定規律嗎？坡度與沖溝的發展有什麼關係？研究數據對防止和修復沖溝又有什麼啟示？

龍鼓灘

生態欣賞與認識

第三章
中等難度路線

馬屎洲
大自然中的博物館

　　在吐露港中蘊藏著一個地質寶庫。在那裡，你可當上大自然的探險家，在歷史悠久、形形式式的岩石中推斷香港的過去。

漁村風貌

旅程從三門仔漁民新村開始。穿過這條擁有近六十年歷史的漁村時，你可有留意到很多居民的家門前都種有一種外形如仙人掌的植物？這種植物名叫火殃簕（*Euphorbia antiquorum*, Fleshy

▲▲ 潮汐表及梯級

▲▲ 火殃簕

Spurge），又名玉麒麟，是一種來自乾旱地區的植物。因為它的外形獨特，

▲▲ 三門仔漁民新村

▲▲ 下車後按指示牌前進

漁民把它置於漁船上用以「辟邪」。當漁民不再捕魚，遷到陸上生活後，植物也一同被移到岸上生長了。

▲▲ 鳥瞰馬屎洲

八仙嶺／船灣淡水湖／龍尾灘／大美督／汀角／洋洲／自然教育徑終點／馬屎洲／連島沙洲／自然教育徑

沿著漁村前行，上斜路後再拾級而上，沿著山路走，你或會看到黑鳶（麻鷹，*Milvus migrans*, Black Kite）在空中盤旋覓食（見本書〈表裡不一——麻鷹〉一文）。在天朗氣清的

▲▲ 遠眺八仙嶺

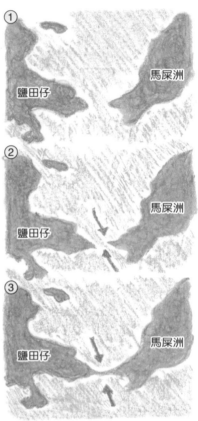

日子你更可遠眺八仙嶺、船灣淡水湖和馬鞍山的景色。當然，在欣賞景色的同時，別忘記跟居住在小島上的鷺鳥（egret）們打個招呼啊！約二十分鐘後，馬屎洲已在眼前。馬屎洲本是一個小島，但你不必擔心需要游泳才可到達，因為「連島沙洲」已把馬屎洲與三門仔連接起來了！

▲▲ 連島沙洲的形成過程

▲▲ 連島沙洲全長近一百三十米

▲▲ 馬屎洲後的是船灣淡水湖

天然的橋

　　連島沙洲是由沙石等沉積物堆積而成的「橋」，把兩個島嶼、或把陸地與一個島嶼連在一起。除馬屎洲外，長洲亦是另一個連島沙洲的例子。因為水淺，水中的沙石於兩島之間堆積，慢慢堆積成連島沙洲。連島沙洲雖是自然

現象，但人為因素卻可加快它的形成。細心觀察眼前的連島沙洲，你找到人工加快連島沙洲形成的方法嗎？你可以在連島沙洲的北面找到大石。這些大石堆放於此，正好減低水流速度，

▲▲ 馬屎洲特別地區

促進沉積過程和連島沙洲的形成。

　　馬屎洲的連島沙洲遇上潮漲時是有機會被淹過的。為確保安全，在出發往馬屎洲前，請先到天文台的網頁查閱大埔滘潮汐監測站的預報。一般來說，水位低於一點七米，我們才可渡過連島沙洲。馬屎洲具有重要的地質和生態價值，漁護署於一九九九年四月把馬屎洲和三個鄰近的島嶼劃為特別地區（special area），加以保護；在二○○九年十一月，馬屎洲亦成為香港聯合國教科文組織世界地質公園（Hong Kong UNESCO Global Geopark）赤門景區的其中一部分，進一步確立了它獨特的地質地位。在區內，發掘和採集石塊都是被禁止的。此外，貝類和石塊都是海岸生態的一部分，取走它們會縮短沙灘的生命。大家要緊記生態旅遊的守則，不要帶走原本屬於馬屎洲的東西啊！

「堅硬」的石頭

別以為石頭一定是非常堅硬的！看看這些由沙粒和小石沉積而成的礫岩（conglomerate），嘗試用指甲輕輕的在岩石上劃一下，看看究竟是指甲還是岩石較為堅硬？在地質學上，硬度是以「摩氏硬度計」（Mohs hardness

▲▲ 礫岩

scale）來量度，一是代表硬度最低，指標礦物是滑石；十則代表硬度最高，指標礦物是鑽石。一般來說，指甲的硬度為二左右。從剛才的小實驗中，我們可以知道這些礫岩的硬度不高於二，是一種硬度很低的岩石。

大自然中的博物館

馬屎洲除了是一個地質寶庫外，亦是一座自然的博物館。這件自然的「古董」是馬屎洲上最古老的岩石。透過化驗藏於石頭中的化石，我們知道它是一塊在二疊紀形成的沉積岩，已有二億八千萬年的歷史。二疊紀比大家熟悉的侏羅紀還要早約八千五百萬年。輕輕地觸摸這塊岩石，你就會了解到二億八千萬年前究竟是怎樣的感覺！

陸上的沙石被帶到水中，加上水中的搬運物（load）沉積，經過長時間的壓力，最終形成沉積岩。

▲▲ 沉積岩的形成

石頭的用處

你認為這塊石頭上白色的礦物像什麼？有人說它像乳酪，我則覺得它像奶油。其實這些礦物是石英。石英是大陸地殼中數量第二多的礦物。石英擁有很高的穩定性，故被廣泛使用於電子工業。石英被置於集成電路中，成為鐘錶、收音機和無線電器材的電子零件。

▲▲ 島上最古老的岩石

▲▲ 石英

石英是一種很堅硬的礦物。以「摩氏硬度計」量度，石英的硬度是七，所以能抵禦風化。看看岩石上沒有被石英覆蓋的地方，那裡的風化明顯較受到石英保護的地方嚴重。

龍落水

遠看這些突出的岩石，是否像一條巨龍騰向海中呢？組成這條「龍」的岩石是頁岩（shale）。頁岩與礫岩一樣都是沉積岩，不同之處在於頁岩是由體積細小的黏土所組成。這些頁岩因地殼變動而露出地面，繼而受到侵蝕。岩石中硬度較低的部分被侵蝕，而較硬的地方則得以保存下來，變成了今天大家看到的「龍落水」。當然，大自然還是會繼續雕琢著這條巨龍。不知道在千百年後，這條巨龍會變成什麼樣子呢？

▲▲ 龍落水

頑強的生命力

▲▲ 岩池裡的海葵

在岸邊，由於岩石凹凸不平，當海水打上岸時，海水把海洋生物一同帶到石頭上凹陷的地方。這種叫岩池（rockpool，又名潮池，tide pool）的生態環境是獨特的。由於岩石吸熱和散熱能力佳，所以岩池的水溫日夜差別很大；海水在陽光下蒸發，岩池中水的含鹽量可能較一般海水還要高。縱使岩池生境惡劣，你還是可以在岩池中找到小魚、小蝦等海洋生物，可見牠們生命力之頑強。

大自然的大力士

▲▲ 褶曲

沿著岸邊前進，你可能已經留意到一些岩石留有被扭曲過的痕跡。事實上，我們所站著的地殼並不穩固。以馬屎洲為例，島上的岩石受到來自西北面和東南面的擠壓力（compressional force）影響。在自然教育徑的終點，你會切實感受到這股力量。這個近九十度的褶曲（fold）是馬屎洲上最明顯的褶曲，也是必看地形之一。擠壓力把岩層扭曲，情況就如拿著彈簧兩端把它彎曲一樣。當然，大自然要把這麼大的一個彈簧彎曲並不是一朝一夕的事。

自然教育徑後的路崎嶇難行，大石滿佈，往往要手足並用地爬行，所以還是在這裡回程較好。回程前，大家不妨站在「彈簧」上來幀大合照吧！

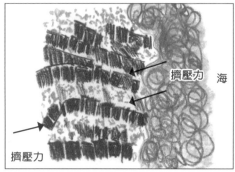

▲▲ 褶曲的形成

▲▲ 沉積岩

133

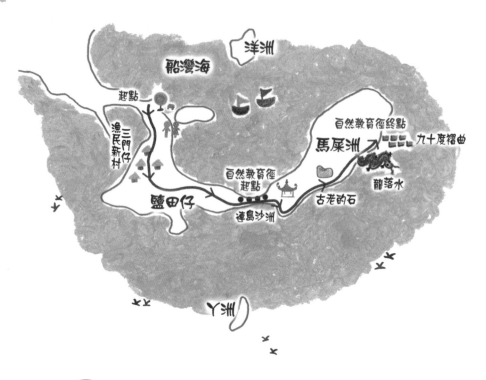

旅程資料	位置 新界中	行程需時 5 小時	行程距離 5.5 公里
	主題　地質地貌		

路線　　三門仔 ▶ 馬屎洲 ▶ 自然教育徑 ▶ 沿路回程

前往方法　於大埔墟港鐵站乘 20K 專線小巴前往三門仔。

注意事項　馬屎洲上並無洗手間及飲食設施，緊記於三門仔準備妥當才出發。
　　　　　出發前先到天文台的網頁查閱大埔滘潮汐監測站的預報。

生態價值指數	文化價值指數	難度	風景吸引度
★★★	★	★★★	★★

考考你

1. 三門仔漁民新村村民的生活與我們一樣嗎？
2. 除了沙和石之外，你在連島沙洲上還看到什麼堆積物？
3. 在岩池內可以找到哪些生物？

延伸思考

地質公園成立前，馬屎洲已是香港少數因具有地質價值而設立的岩石保護區，內有古老而珍貴的地質景觀。島上的連島沙洲、龍落水、海蝕平台等經海浪造成的沉積性和侵蝕性地形也是研究馬屎洲地質歷史的重要材料。

1.岩池生態系統

岩池生態環境獨特，尤其是在夏季，日間強烈日照和晚間高速散熱的情況下，岩池的水溫和鹽分濃度等環境因素變化十分極端，並不是所有海洋生物都可以適應這些急劇轉變。試在馬屎洲選定數個岩池考察，定時記錄水溫、鹽分濃度、蒸發量、水溶氧、混濁度、生物品種和數量等各項環境、生態指標的變化，探討岩池生態系統運作的情況。岩池中的生物有機會離開岩池的生態系統嗎？如有，又透過什麼途徑？

2.香港地質保育措施的成效

馬屎洲被劃定為具特殊科學價值地點（Site of Special Scientific Interest）和特別地區已經多年，但仍未能有效喚起公眾對岩石和地貌的保育意識，偶然仍可以在島上找到人為破壞的痕跡；二〇〇九年九月，島上甚至有大型工程，至幾近竣工時，經傳媒廣泛報道下才得以制止。究竟問題出在哪裡？設立地質公園是不是可以更實在的保護那些岩石？中國內地和外國有類似的岩石保護區嗎？它們又是如何運作的？馬屎洲過去的事件又對地質公園管理有什麼啟示？台灣野柳地質公園內有著名的女皇頭石，長年受風化影響，「頸部」極容易折斷。該公園遊人絡繹不絕，爭相與此奇石合照，但至今女皇頭石依然屹立不倒，可見其保育措施的效果，是一個不錯的參照對象。

大蠔
淡水生態寶地

　　擁有濃郁的鄉土氣息，更可飽覽泥灘、紅樹林和大蠔河淡水生態環境，這裡絕對是生態旅客擁戴的地方。二〇〇八年，為紀念香港協辦奧運會，大蠔至梅窩的一段山徑被命名為「香港奧運徑」，更為這地點賦予另一層意義。大蠔其實是由白芒村、牛牯塱村和大蠔村組成，它們被稱為三鄉。在往三鄉的路上，沿途你可以見到一個石灘。在那裡，你可以很容易地找到一些在岸

▲▲ 海杧果

邊常見的植物。最吸引
大家注意的，也許就是
長有「青色杧果」的樹，
它就是「樹如其名」的
海杧果。

▲▲ 海杧果的果

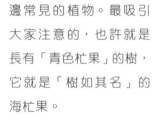

▲▲ 香蕉樹

「青色杧果」是它
的果實，未成熟時是青
綠色，成熟後則變成紅
黑色。大家萬萬不能去
觸摸它，它全株有毒！沒有動物能夠成為它的傳播媒
介，但海杧果一點也不擔心，它的木質果實透過水飄
流散播，所以它常在岸邊生長！

▲▲ 海杧果的花

在這幾條村落中，你找到鄉村常見的植物嗎？葉
子形態獨特的木瓜、因進貢皇帝而命名的「龍眼」，還
有香蕉和荔枝（lychee）。雖然看到這些果實會令人垂

▲▲ 龍眼

涎欲滴，但這些都是村民努力的成果，大家可不能採摘啊！很多鄉村地方都有廣泛種植果樹，因為村民從前都是務農為生，即使現在生活模式改變了，但在自己的田園種植果樹，不用特別打理也能長出生果供自己享用，也是十分寫意的事。

▲▲ 果園

白芒村

　　白芒村有二百多年歷史。原居民姓郭，相傳為唐代名將郭子儀的後人。村口最引人注目的想必是那樓高三層、用磚堆砌而成的舊式建築物——更樓。大家可別小看它，興建更樓的目的是為了觀察海面情況，以防禦盜賊。白芒村村民約在一九四〇年初建成這座更樓，而在第二次世界大戰期間

▲▲ 更樓

（一九四一年至一九四五年），更樓是用作抵抗日軍入侵。戰後，它也曾被改作為學校，至一九六二年止。更樓窗口的設計和很多堡壘的窗口一樣，都是外窄內闊的，這樣便可大大減低被入侵者擊中的機會，真是一個既簡單又聰明的設計。

　　村口還有一塊值得一看的「試劍石」。這塊兩米高的大石中間有一道裂

▲▲ 試劍石

▲▲ 白望學校

縫，相傳是神仙鑄造了一把神劍，希望測試這把神劍有多鋒利，便往這塊石頭用力一劈，「試劍石」也因而得名。從地理角度解釋，此石是典型的塊狀分裂（block disintegration）例子，與岩石的冷縮熱脹有關。細心考究一下此石和其周邊環境，你可解釋其形成嗎？

離白芒村不遠有一所學校，這裡是莘莘學子昔日上課的地方，可惜它已經荒廢了，但大家還是可以從學校的內部裝潢聯想學生們昔日上課時的情況。

牛牯塱村

遠眺右方，可以見到一條有很多新式樓房的村落，這就是牛牯塱村了。這條村落與香港的歷史有莫大關係。話說第二次世界大戰時香港淪陷，後來日軍投降，牛牯塱村村民便帶領游擊隊突襲殘餘的日軍，

▲▲ 風水林

日軍於是縱火燒村報復，當時很多樓房都被燒毀了。村後可以看到一大片的「風水林」，它其實是一個長滿樹木的山頭。村民相信「風水林」可以帶給他們好運和保護他們，所以他們都願意保存這個樹林，這樣便變成了今日的「風水林」了。全港有百多個風水林，其中八成都是在郊野公園範圍內。風水林在生態上富有價值，其一是內裡有稀有的植物，例如臀果木（*Pygeum topengii*, Pygeum）；但更重要的是它的豐富生物多樣性。風水林保存了很多本地原生植物，也有很多昆蟲和鳥類（見本書〈風水林？風水●林？〉一文）。當你走進這些村落，便會發現那裡的空氣特別清新，這都是拜村後的風水林所賜。大埔林村社山村的風水林更被列入「具特殊科學價值地點」，可見風水林的生態價值。城門、沙羅洞和荔枝窩都是較為人熟識的風水林，也可到這三地考察（見本書〈城門水塘〉、〈沙羅洞〉和〈荔枝窩〉三文）。

淡水魚類最多的河流

小心翼翼的走到大蠔河泥灘，可以見到在大蠔河暢泳的魚兒，也可能見到一些鷺鳥。大蠔河擁有香港四十七種魚類，是香港淡水魚類最多的河流。一九九九年，大蠔河更被劃為香港第六十三個「具特殊

▲▲ 香魚

▲▲ 從北大嶼山看大蠔河口

科學價值地點」，這是因為在大蠔河可以找到全世界只有香港和廣州才有的香魚（*Plecoglossus altivelis*, Ayu）。香魚是瀕危魚類，是鮭鱒魚的親戚。這種洄游性的魚類在海中生活，繁殖期則游回河道產卵。

▲▲ 大蠔河

「具特殊科學價值地點」是在動植物、地理或地質上具有特別價值的地點。現時香港共有近七十個「具特殊科學價值地點」。有關「具特殊科學價值地點」的資料可在規劃署找到（見《生態悠悠行（增訂版）》〈汀角—船灣〉一文）。

泥灘紅樹林

走進泥灘，會見到很多形態獨特的植物，因為你已身在紅樹林了！紅樹是指生長在海灣或河口泥灘上的一些具特殊適應能力的植物。由於海岸受潮汐漲退影響，紅樹需要面對高鹽分、不穩定基質和時而缺氧的生境。例如有些紅樹根部長在地面上，一方面是為了支撐紅樹，另一方面為了呼吸。此外，高鹽分的水不易被植物吸收，所以紅樹的葉子也像旱生植物一樣，長得又厚又反光，減少水分蒸發。在海岸，只

▲▲ 老鼠簕

▲▲ 老鼠簕的花

有紅樹這類擁有「特異功能」的植物才能在這麼惡劣的環境生長；亦只有紅樹能夠在這裡作為食物鏈（food chain）的開端，成為眾多生物的食物，所以千萬不要小看紅樹！

看！這就是「胎生」的樹木——木欖！「胎生」現象是部分紅樹的特徵。一般種子都不容易抵抗海浪和潮汐衝擊。為了繁衍後代，紅樹種子一般都會先在母樹發芽，到繁殖體生長成熟時，才掉到泥土中，然後迅速生根和成長（見本書〈烏溪沙〉一文）。

▲▲ 泥灘

紅樹的繁殖體在脫離母樹後隨水漂流，在新的地方生長。這裡我們以木欖為例子。

▲▲ 木欖

▲▲ 招潮蟹泥灘

有沒有發現地上滿佈地洞呢？只要看守著洞口，不久便可以看到一些兩隻螯不同大小的蟹往上爬，牠們就是雄性招潮蟹了；而那些地洞就是招潮蟹的家，用以避開其他動物的攻擊。雄性招潮蟹也會在蟹洞旁求偶和在洞內交配。招潮蟹的大螯是搏鬥的武器，小螯則用來覓食。招潮蟹把

▲▲ 弧邊招潮蟹

淤泥放入口中，過濾有機（organic）物質食用。來往東涌和大蠔的巴士班次並不頻密，大家在探訪招潮蟹時，別忘了預留時間回程啊！

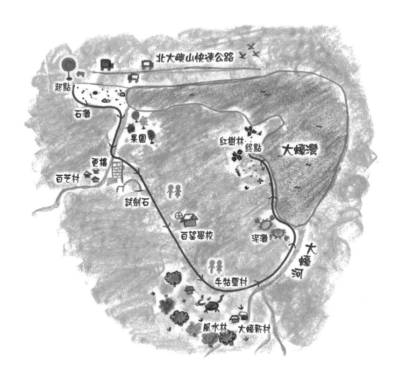

旅程資料	位置 大嶼山北	行程需時 4 小時	行程距離 4 公里
	主題　文化和生態		

路線　　白芒村 ▶ 牛牯塱村 ▶ 大蠔河 ▶ 泥灘 ▶ 沿路回程

前往方法　於東涌港鐵站乘 36 號巴士前往大蠔。

注意事項　避免走進村落，以免打擾村民生活。潮漲時大蠔泥灘被水淹蓋，
　　　　　只能看到大蠔河生態。

生態價值指數	文化價值指數	難度	風景吸引度
★★★★	★	★★★	★★

考考你

1. 老鼠簕（*Acanthus ilicifolius*, Spiny Bears Breech）葉面的白色晶體是什麼？
2. 三鄉村民的生活模式與我們有什麼不同之處？
3. 沿途你可以找到大蠔發展的證據嗎？

延伸思考

同被喻為保育政策下的孤兒，大蠔的命運與沙羅洞稍有不同。地處臨海，又鄰近東涌新市鎮，大蠔現時尚有村民居住；假日亦有不少遊人遊覽。縱然處於發展商、村民、環保團體和政府的四面角力，大蠔的生態文物仍然得到一定程度的保存，不像沙羅洞般成了廢墟。既然村民希望發展，環保團體又想保育，不如積極在大蠔發展生態旅遊，以求一個雙贏的出路。

1. 紅樹物種分佈調查

大蠔是多種紅樹品種的生境，它們形成多個優勢群落，散落在不同位置。試在這裡展開紅樹物種分佈調查，總結各紅樹品種的分佈位置、面積和地理特徵。為什麼一些紅樹只在某些特定位置生長？這與它們的生理結構有關嗎？哪些品種較能適應潮間帶環境？同樣題目也可應用於東涌灣，作一個比較研究。

2. 更樓歷史考究

大蠔現存兩座更樓，分別位於白芒村和大蠔新村附近。為什麼村民要築起這兩座更樓？它們有什麼獨特結構？更樓與一般的建築物有什麼分別？除更樓外，白芒村還找到什麼防禦工事？大蠔南面一山之隔的梅窩亦有更樓，它們與大蠔的更樓在歷史和結構上有什麼異同？香港尚有哪些村落設有防禦工事？它們又代表著過去哪一段時期的香港故事？

大埔滘
樹林內的寶藏

▲▲ 大埔滘自然教育徑

　　面積達四百六十公頃的大埔滘自然護理區，不像普通的郊野公園：這裡沒有燒烤爐、沒有好走但人工化的混凝土行人路，卻有可貴的森林景致。既有豐富的植被，又有次生樹林（secondary forest）和不少原生樹木。茂密的樹林內有很多珍貴的植物，如克氏茶（紅皮糙果茶 *Camellia crapnelliana*, Crapnell's Camellia）、香港鳳仙（*Impatiens hongkongensis*, Hong Kong Balsam）、土沉香、金毛狗等。你

知道腳邊的植物就是「寶」嗎？入寶山又怎能空手而回？讓我們一起去尋寶吧！

會變色的楓葉

在自然教育徑的起點旁即可見到楓香（*Liquidambar formosana*, Sweet Gum，又名 Chinese Sweet Gum），它屬於金縷梅科的喬木，花期四至六月，是香港的原生品種。楓香感受到日短夜長的日照變化時，葉子內的色素會產生變化，將原有的葉綠素（chlorophyll）分解，葉黃素（xanthophyll）和葉紅素（erythrophyll）的顏色便會顯現出來，葉子就成了紅或黃色。

▲▲ 楓香的葉

▲▲ 楓香

古希臘人的染料──地衣

走上自然教育徑的一段石級，在岩石上可找到地衣。這種真菌（fungus）和藻類的共生體，就像互相幫助的鄰居。藻類可以進行光合作用，負責製造養分；真菌則負責吸收水分，兩者互惠互利。地衣多長在樹幹和岩石上，但在荒漠（desert）和極地（polar region）也可發現它的蹤跡。地衣的用處很多，可提煉染料，也可用來製造酸鹼（acidity）試紙。有關地衣的繁殖，見本書〈盧吉道〉一文。

植物的演化跟動物差不多，一些植物的演化較為複雜，一些則較為原始。真菌不能進行光合作用，算不上是植物；藻類、苔蘚類、蕨類都可進行光合作用，但藻（alga）和苔蘚（moss）都缺乏發展成熟的維管束。三者中，只有蕨類有維管束運輸水分及營養到植物的不同部分。

▲ 地衣

亂中有序的森林

森林（forest）就是一堆生長雜亂的植物？錯了！森林的奇妙之處就在於它亂中有序的結構。需要較少陽光、或是喜蔭（shade-loving）的植物如

▲ 地衣

▲▲ 樹林分層

地衣、苔蘚、蕨類靠近地面生長；灌木會較它們長得高一點；之後有木本攀緣植物；喬木則長得最高，吸取最多的陽光。因著光線多寡，不同植物各取所需，形成結構分明的林木分層（forest stratification）（見本書〈中環—山頂〉一文）。

　　近年有人提出「無紙」概念，建議多用電子產品處理文檔，減少砍伐森林造紙。不過有人卻唱反調，認為多多用紙，發揚林木的價值，才可以真

正達致保育。如果樹木不再存有經濟價值、人們不再重視它們，那再多的保育行動也只是訴諸對自然的情感，並未能贏得大多數人支持。尚未溫飽前，又有誰會願意談保育呢？這不僅是人之常情，更是大部分熱帶雨林國家所面對的實況。當大家都認定森林有其經濟價值、有其龐大市場，才會積極補植（reforest）被砍伐的樹木，甚至以農業方法在林場（tree farm）中種植更大面積的樹林。

上述建議看似荒誕，但想深一層，這又豈不是跟生態旅遊的理念一樣？只有認識其重要，才能推動保育。利用人追求經濟發展的本性，轉而保育森林，發展綠色經濟（green economy），看來也是出路之一。看過上述兩種截然不同的說法，你認為我們要多多用紙嗎？

樹木殺手——薇甘菊

▲▲ 薇甘菊

諷刺地，山徑的一面有健康的樹林分層景致，另一邊廂薇甘菊卻在肆虐。薇甘菊屬於菊科植物，是一種令人「聞風喪膽」的外來攀緣植物。它的葉心形，花白色，生長迅速，英文名叫 Mile-a-minute Weed！雖然一分鐘生長一英哩是誇張了，但也正正反映了薇甘菊的厲害。它會攀附在任何物件上，以吸取更多的陽光。這種頑強的生命力固然叫人佩服，但也為香港的自然生態帶來不少負面影響。相片中的「樹」其實早就被薇甘菊攀滿纏繞，因吸取不到陽光進行光合作用而衰敗。薇甘菊在香港是山火之外最大的樹木殺手。薇甘菊對生態環境的影響，見本書〈綠色生態災難〉一文。

樹林的營養

▲▲ 落葉腐殖層

街道上的枯葉會被清道夫掃走，但在樹林內的枯枝落葉卻萬萬不能掃走。這些「廢物」全都是寶。枯枝落葉縱然是植物的廢棄部分，卻是分解者（decomposer，如細菌、真菌）的食物。分解者把有機的腐敗植物部分分解為無機物（inorganic matter），供其他植物作養分，而這些腐植質更有助保存泥土中的水分和防止水土流失。如果把樹林中的枯葉枯枝掃走，就等於帶走樹林的營養（見《生態悠悠行（增訂版）》〈養分循環與能量轉移〉一文）。下回踏在枯葉上，細聽沙沙作響之聲時，也別忘枯枝落葉的重要生態價值。

樹木的年齡

看到路邊的斷木，我們趁機觀察年輪（tree ring），一看樹木的年齡。年輪是樹木因週期性生長而長出的不同木質層次。在四季分明的地方生長的

樹木，通常一年僅有一個生長週期。每一個年輪其實由兩種不同的細胞組成：年輪外側的細胞內腔比較小，細胞壁比較厚，顏色較深，這類細胞在乾燥的秋天形成；靠近樹幹中心部分、即年輪內側的細胞內腔比較大，細胞壁

比較薄，顏色亦較淺，這類細胞在雨水充足的春夏季形成。可是，在熱帶地區之樹木，因為全年高溫而潮濕，四季不明顯，所以看不到明顯的年輪。百多年前人類尚未有系統地記錄氣候，樹木卻靜悄悄地為我們記錄了。氣候學家可以透過年輪去了解當時的氣候，但當然並不是所有樹木也有如此長的壽命。為了追尋更久遠的氣候，一些木製器具，例如枱椅、畫框等，都有機會抽出年輪，讓氣候學家拼湊成氣候紀錄。

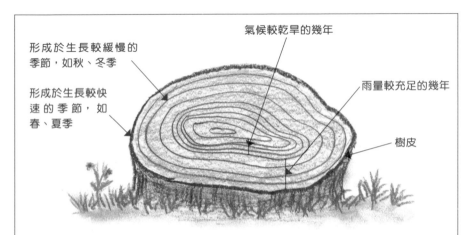

氣候較乾旱的幾年

形成於生長較緩慢的
季節，如秋、冬季

形成於生長較快
速的季節，如
春、夏季

雨量較充足的幾年

樹皮

樹幹隨年月向外生長。換言之，越近中心，樹幹組織的年齡就越老。於雨量充足的季節，樹幹組織生長快速，細胞壁較薄，形成淺色的環；於乾旱的季節，組織生長慢，細胞壁較厚，形成深色的環；深淺兩環加起來就是樹幹一年的「成長印記」。年輪的密度和形狀會受環境因素如光線、雨量、溫度等影響，所以還可以從年輪得知過去的環境狀況呢！

外來 VS 原生

　　白千層（*Melaleuca quinquenervia*, Paper-bark Tree，又名 Cajeput-tree），是桃金娘科喬木，花期為十一月。因為它白色的樹皮可像紙一樣一

▲▲ 白千層的樹皮

▲▲ 白千層

層層撕下來；只要稍稍用力壓，它的樹
皮就會做成凹陷，所以欣賞它時要小心
一點。白千層原產於澳洲，由於它生長
迅速，既耐旱又可在貧瘠土壤上生長良
好，所以被大量用作植林品種。

▲▲ 香港鳳仙

　　自然教育徑的小溪旁，有誰會想到瀕危的香港鳳仙在潮濕陰暗的橋底生長？這株小花屬於鳳仙花科的多年生草本植物，一九二五年第一次在大埔發現，它是本地原生品種，至今亦只有在香港能夠發現此品種。誰說香港的生態價值不及其他地方？鳳仙花的英文名叫 Touch-me-not，它成熟的果實被觸碰時會突然裂開，種子靠此彈出傳播。香港鳳仙的花黃色，並帶有橙紅色斑點，從側面看其形狀似昆蟲，要擁有和鳳仙花構造配合的口器的昆蟲才能鑽進花裡吸取花蜜。不同品種的鳳仙花形態各有不同，所以也得倚賴特定的昆蟲傳播花粉。大自然就是這樣微妙，物種之間互相依賴，而這種關係也不容易找到替代者。失去了一個物種，另一物種的存活也岌岌可危。類似的關係在榕樹—榕小蜂和真菌—藻類之間也存在（見本書〈九龍公園〉和〈盧吉道〉二文）。

▲▲ 檸檬桉

經過休憩處，可到檸檬桉樹下拾一塊那些形狀細長的枯葉，輕輕撕開，會聞到一陣清新檸檬氣味，叫人精神為之一振。檸檬桉屬於桃金娘科喬木，灰白色的樹幹筆直而光滑，花期為四至九月。

在自然教育徑的終點還有另一棵寶貝——克氏茶，是本地原生山茶科小喬木，屬易危品種，漁護署已進行育苗及遷地保護。克氏茶在一九〇三年在港島柏架山被首次發現，它的樹皮幼滑而帶磚紅色，彷彿有一層鐵銹粉末鋪在樹幹表面，但觸摸過才知道沒有粉末。

▲▲ 克氏茶

155

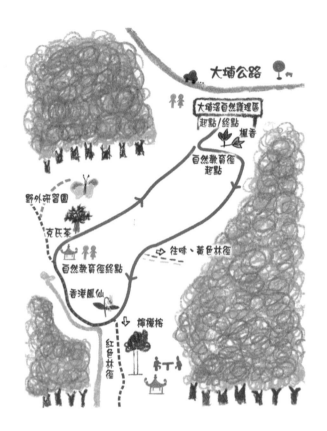

旅程資料	位置 新界中	行程需時 1.5 小時	行程距離 1 公里
	主題　林木生態		

路線	大埔滘自然護理區入口 ▶ 自然教育徑 ▶ 紅色林徑 ▶ 大埔滘自然護理區入口

前往方法	乘坐 72、72A、73A 或 74A 巴士到達大埔滘自然護理區入口。

生態價值指數	文化價值指數	難度	風景吸引度
★★★★	-	★★	★★★

考考你

1. 自然教育徑裡的溫度和濕度（humidity）與外面有何不同？這種差異的原因是什麼？
2. 除雀鳥的聲音之外，你還聽到什麼動物的聲音？
3. 你看到泥土層的結構嗎？為什麼不同高低位置的泥土有不同的顏色？

延伸思考

大埔滘設於一九七七年，是個精心規劃和管理的林木保育區。內裡既有早年植下的外來品種植物，也有近年栽種的本地原生植物。由於大部分樹木的植林年份都有歷史紀錄，加上細心管理，大埔滘對研究植物演替過程和其生長對泥土的影響有重要的價值。

1. 樹林分層

大埔滘可以找到清晰的林木分層結構嗎？為什麼？嘗試分辨在不同分層的植物品種，位處同一層的植物有什麼共通點呢？植物是如何透過巧妙的生理結構在各分層中存活？植物的板根（buttress root）和滴水葉尖（drip-tip）等結構是怎樣協助植物在林區競爭和生存？下層植物可以隨生長週期發展至頂層嗎？方法如何？外來品種對原生品種的發展有影響嗎？有什麼例子呢？

2. 原生和外來植物的優劣比較

早年的大埔滘種植了大量外來植物，如紅膠木（Brisbane Box, *Lophostemon confertus*）、檸檬桉等，這些植物與原生植物相比，有什麼優勢？外來植物如何改變泥土中的養分？你可以在泥土樣本中找到相關的證據支持嗎？外來植物又引起了什麼生態問題？到大棠（見《生態悠悠行（增訂版）》〈大棠自然教育徑〉一文）走走，那裡的植林木又是哪些品種？與大埔滘的有什麼分別？

中環 ⋯ 山頂

從石屎森林 到原始森林

　　從熱鬧的市區出發，一步一步走向山頂，由石屎森林到原始森林，由又新又高的商業大廈到歷史悠久的山徑。步行而上，可發現很多值得欣賞的東西。從海拔二十八米高的花園道纜車總站出發，路途初段大抵以纜車路線為藍本。山頂纜車是

▲▲ 纜車徑

香港歷史最悠久的交通工具之一，於一八八八年投入服務，至今逾一百三十年歷史。纜車途經的地區是香港最早開發的地區，充滿著歷史痕跡。面向纜車總站，你會在左面發現一條叫纜車徑（Tramway Path）的小路。

▲ 纜車

▲ 樹上覓食的松鼠

▲ 仰望綠樹成蔭

▲ 堅尼地道與纜車徑交界

纜車徑

　　沿纜車徑而上，途中橫過堅尼地道（Kennedy Road）和麥當勞道（Macdonnell Road）。堅尼地道和麥當勞道分別以香港第七任（一八七二年至一八七七年）港督堅尼地（Sir Arthur Kennedy）和第六任（一八六六年至一八七二年）港督麥當勞（Sir Richard Graves Macdonnell）命名。

　　接近麥當勞道，在左面見到聖保羅男女中學校舍。這校舍始建於一九二七年，原為聖保羅女書院。校舍經歷多次改建工程，仍然保留著舊日英式建築的特色。半山區一帶本是香港開埠時其中一個最早開發的區域，但由於城市發展，很多昔日的古舊建築已被新落成的住宅區取代。

▲▲ 小葵花鳳頭鸚鵡

纜車徑盡頭與馬己仙峽道交界附近的樹上，有機會看到罕見的小葵花鳳頭鸚鵡（*Cacatua sulphurea*, Yellow-crested Cockatoo）。小葵花鳳頭鸚鵡擁有鮮艷的黃色冠毛。在登山那天我就看到了三隻鸚鵡在樹上鳴叫，彷彿在頌讚春日罕有的晴朗。成年的小葵花鳳頭鸚鵡身長約三十公分。這種鸚鵡在二〇〇四年十月中經《瀕危野生動植物種國際貿易公約》（又稱《華盛頓公約》）大會中通過禁止貿易，足見牠們的瀕危程度。不過在欣賞鸚鵡時，緊記要小心橫過繁忙的馬己仙峽道啊！

市區的邊緣・綠色的開端

橫過馬己仙峽道，沿蒲魯賢徑前行，這時你已經在市區邊緣！再向右走，你會見到「舊山頂道」的指示牌。從對面的斜路往上走，經梅道便可到達舊山頂道。梅道（May Road）亦是另一條以港督命名的道路，以紀念第十五任（一九一二年至一九一八年）港督梅含理（Sir Francis Henry May）。

經過一些住宅，到了地利根德里與舊山頂道交界，這裡已有海拔一百八十多米。這裡有一個休憩處，可以先休息一會。舊山頂道（Old

▲▲ 蒲魯賢徑

▲▲ 即使在直立的牆上也難不到植物生長

▲▲ 橫過馬路，從斜路往上走。

▲▲ 分岔路

▲▲ 休憩處

▲▲ 維多利亞城界碑

Peak Road）原名山頂道（Peak Road），此路原本由山腳，經山頂的纜車總站一直伸延至位於扯旗山頂（Victoria Peak）的山頂公園。一九六〇年九月一日，山頂纜車站至扯旗山頂的一段易名為柯士甸山道（Mount Austin Road），而餘下路段亦更名為舊山頂道。沿途留意兩旁，你或會在石縫間找到細小的植物呢！

都市背後的森林

　　走右面的路往山頂，這段路禁止車輛進入，你可放心在路上欣賞這個隱藏在都市背後的森林。沿途你會發現這個林區是多麼的天然。你可清楚地看到林木分層：由底生層（undergrowth）的蕨類植物如鐵線蕨（*Adiantum capillus-veneris*, Maidenhair），到冠層（canopy layer）植物，以及跨層而生的攀緣和寄生植物（parasitic plant），都可一覽無遺（見本書〈大埔滘〉一文）。

　　合上雙眼，感受一下這兒的環境！是否與起步初段的繁忙街道有很大對比？為什麼？因為植物已改變了這裡的氣候。樹木當了天然的太陽傘，林底氣溫較林外地區低；樹木亦成了屏障，林區中的風速較低；而透過蒸騰作用

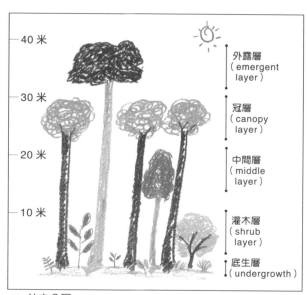

▲▲ 都市後的森林

▲▲ 林木分層

▲▲ 鐵線蕨

（transpiration），植物釋出水氣，加上日照量低，水氣得以在林中保存，林區濕度因而較高。即使在夏天，走這段路還是很舒適。這種小區域中的獨特氣候叫微氣候（micro-climate）。沒有植物的調節，熱島效應想必更加嚴重。

植物在市區也扮演著潔淨空氣的角色。植物在光合作用中吸收二氧化碳，釋出氧氣。你看，地衣也在這裡生長，就是最好的證

163

🔺 曼陀羅

明了！回想一下，在起點附近的樹上能找到地衣的影蹤嗎？有關地衣的繁殖，見本書〈盧吉道〉一文。

　　繼續前行，記著留意指示牌，尤其是在舊山頂道與白加道交界的位置。雖然你可以選擇經白加道、種植道和芬梨徑抵達山頂，但繼續沿舊山頂道走是最直接。

海拔三百九十八米

　　從山腳走到山頂，也不過用了兩小時。不知不覺間我們已走到海拔三百九十八米的山頂。在舊山頂道與山頂道交界，你可找到一所餐廳。這座建築物原來甚具歷史價值。餐廳原是建造纜車的工程師的工作和住宿地。一九〇一年，建築物改建為轎伕站，

🔺 人力車

▲▲ 山頂餐廳

供轎伕休息與停放人力車。人力車曾幾何時是香港常見的交通工具！雖然今天你仍然可在山頂找到人力車，但它已成了遊客拍照的背景了。

走畢舊山頂道，你可繼續漫步盧吉道（見本書〈盧吉道〉一文），或沿柯士甸山道到達真正的山頂——位於五百五十二米高的山頂公園，欣賞一下南面薄扶林水塘的景色。

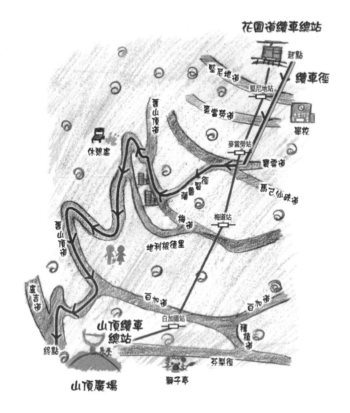

花園道纜車總站

起點

纜車徑

堅尼地道

堅尼地站

麥當勞道

學校

舊山頂道

麥當勞站

寶雲道

休憩處

馬己仙峽道

蒲魯賢徑

梅道

梅道站

地利根德里

舊山頂道

盧吉道

百加道

百加道

種植道

山頂纜車總站

白加道站

終點

芬梨徑

獅子亭

山頂廣場

旅程資料

	位置	行程需時	行程距離
	香港島	2 小時	2.5 公里

主題	生態、本地歷史

路線	花園道纜車總站 ▶ 纜車徑 ▶ 蒲魯賢徑 ▶ 舊山頂道

前往方法	前往花園道纜車總站，可由中環港鐵站出發，或在金鐘港鐵站經香港公園前往。

生態價值指數	文化價值指數	難度	風景吸引度
★★★	★★	★★	★★★★

考考你

1. 沿途你看到什麼動物嗎？
2. 根據你的觀察，底生層與冠層植物的特徵有什麼不同？
3. 植物如何改變氣候？

延伸思考

中環和山頂是最能代表香港繁榮富庶的地方。兩處悠久的歷史沿革使它們能獨當一面。但除歷史背景以外，尚有地理位置、城市規劃和政治等因素推動著它們的發展。有趣的是，在繁榮富庶的背後，中環和山頂一帶也有茂密的林區為動植物提供棲息之所，綠色的植物也同時改善了居民的生活環境。

1. 林區微氣候

登山時利用溫度計、風速計和濕度計記錄不同海拔的數據。數據轉變的原因為何？市區和林道（舊山頂道的一段）有什麼分別？假設空氣中的水氣分量不變，氣溫越高，相對濕度越低；風速越高，蒸發率越快，相對濕度亦會下降。在林道位置，氣溫與相對濕度和風速有上述關係嗎？為什麼？這些數據又對環境和土地規劃有什麼啟示？你可以透過實驗驗證結論嗎？

2. 中環、半山區的區位因素和發展

中環和半山區是香港最早期的發展區，建造山頂纜車本來就是為了方便居於半山區和山頂的華洋豪紳來往中環。中環南面的山丘更有政府山（Government Hill）之稱，可見早年中環作為政治行政中心的地位。登山路徑的一帶有哪些歷史遺跡？這些遺跡又標誌著香港哪一段歷史？除歷史因素外，又有什麼區位因素（locational factor）促使中環和半山區發展為高級住宅區和政治行政中心？香港有哪些區域具有潛力取代它們的地位？實際上又可行嗎？

梅窩

肥沃的平原

　　梅窩位於大嶼山東南部，是進出南大嶼的門戶。每逢假日總有大批遊人經梅窩轉車到昂平、長沙和大澳。或許你已多次途經這裡，但你曾否漫步梅窩谷？除銀礦灣泳灘，梅窩的村落也很值得遊覽呢！

薑花和芋

　　從梅窩碼頭出發，向
銀礦灣泳灘方向走：先過五
仙橋，再經涌口村。你在村
內找到薑花（*Hedychium
coronarium*, Ginger Lily）
嗎？它的花雪白呈蝴蝶
形，並散發出陣陣清雅的
芳香；夏天時，也不難在
路邊攤檔發現它的芳蹤。
薑花是薑科屬成員，地下
莖（rhizome）肥厚，像
日常食用的薑（*Zingiber
officinale*, Ginger），不
過，它們兩者是同科不同
屬的植物。除了薑花，芋
（*Colocasia esculenta*,

▲▲ 田園

▲▲ 薑花

▲▲ 芋

▲▲ 海芋

Taro）也是十分常見的植物，它們都喜歡在潮濕的低地生長。芋葉子呈心形，形狀跟海芋（*Alocasia odora*, Giant Alocasia）非常相似，分別只在海芋的葉片比較大，水珠滴在海芋葉上會散開，滴在芋葉上卻不會。

瀑布與銀礦洞

多走一會兒，到達銀礦灣瀑布公園。冬天時即使瀑布（waterfall）水量較少，但只要在瀑布附近坐下，聽著潺潺水聲，也是寫意非常。

從銀礦灣瀑布往上走，經過奕園，不久便可抵達銀礦洞。銀礦洞本來有四個洞口，但其中兩個已被山泥掩埋，只餘下上洞和下洞。據說在十九世紀初，已有人在此開採白銀，可惜礦石的含銀量太低，早在十九世紀末銀礦洞就荒廢了。

▲▲ 銀礦灣瀑布

硬岩層（hard rock）
軟岩層（soft rock）

軟岩層抗蝕力低，逐漸被河水侵蝕，使河道的坡度增加至垂直／接近垂直，形成瀑布。

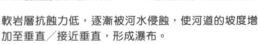

▲▲ 瀑布的形成

▲▲ 銀礦洞

從望渡坳鳥瞰

往山上走，穿過零星村屋，踏過長長樓梯，來到望渡坳避雨亭。在山頂可俯瞰整個梅窩。天氣良好時更可看見梅窩碼頭，望渡坳之名因而得來。拿地圖來了解一下梅窩的地形吧！附近有一座矮小的山，那是蝴蝶山。考考你的眼力，蝴蝶山上有一幢更樓，你能指出它的位置嗎？蝴蝶山的兩旁都是平原，平原上分佈著很多村落，左邊有橫塘村，右邊有大地塘村、梅窩舊村等十數條鄉村。除了蝴蝶山，梅窩地勢都十分平坦。再考考你的記憶力，從碼頭走到這兒，記得你曾經走過多少道橋嗎？大大小小的橋，

▲▲ 望渡坳避雨亭

至少有五、六道吧！在行程後段，還會遇上很多橋。如此多橋，是因為有河流吧！河流、平原和村落，能令你聯想起些什麼嗎？這三者可有密切關係啊！

村落的誕生

　　河流上游（upper course）的侵蝕作用比較明顯。河水將泥沙、石頭等搬運物由上游帶到下游（lower course）。下游的搬運物較上游多，河水氾濫時，部分搬運物留在河道兩岸，日子久了，形成新的陸地（見《生態悠悠行（增訂版）》〈新娘潭〉一文），就是我們所見的梅窩平原。那麼平原跟村落又有何關係？這一切要從耕種說起。梅窩擁有大片平原，多條河流也提供了淡水作灌溉之用，是耕種的理想地點；從上游而來的沉積物帶有豐富養分，為泥土補給。肥沃的平原能吸引人類耕種和聚居，漸漸地形成了大大小小的村落，也就是今天的梅窩。

白銀鄉村和文武廟

　　原路下山，來到奕園的岔路，繞過奕園，便到達白銀鄉村的村門了。村門附近有一座文武廟，於明朝興建，有四百多年歷史。據說從前村民在附近的山坑發現了銀礦，在淘銀的過程中引起了不少爭執，為了平息紛爭，於是設立了公所主持公道。當時的公所多以廟宇的形式出現，因為人們認為有神明在上，主持公道的人就不會偏頗，而關聖帝君和文昌帝君是

▲▲ 白銀鄉

▲▲ 文武廟

▲▲ 菜田

▲▲ 新舊村屋

當時公所時常供奉的神，因此建成了這間文武廟。白銀鄉村內建築物排列整齊，新舊村屋夾雜，形成了強烈對比。即使白銀鄉的景色跟梅窩舊村、菜園村等的分別不大，惟有走畢全程才能真正感受到村裡的寧靜、和諧和悠閒。此外，一路上還會遇上大大小小的廟宇、更樓、各式各樣的農作物，甚至特別的雀鳥！這些大大小小的驚喜，還是留待你親自發掘吧！

梅窩　機場　愉景灣　坪洲　主題樂園

▲▲ 梅窩地勢

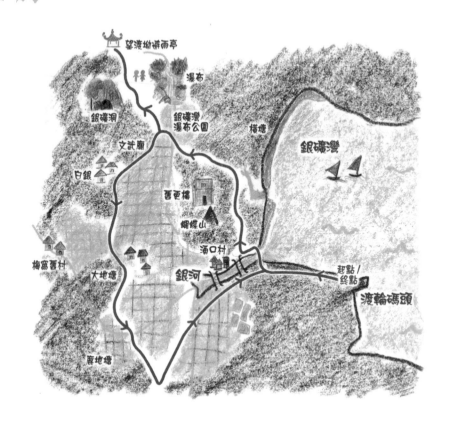

旅程資料	位置 大嶼山南	行程需時 5.5 小時	行程距離 6 公里
	主題　鄉村文化		

路線　梅窩碼頭 ▶ 銀礦灣瀑布公園 ▶ 望渡坳避雨亭 ▶ 白銀鄉 ▶ 鹿地塘 ▶ 梅窩碼頭

前往方法　於中環港外線碼頭乘船前往梅窩。

生態價值指數	文化價值指數	難度	風景吸引度
★★	★★	★★	★★★★

考考你

1. 從前梅窩的村民依賴什麼為生？
2. 與梅窩北面的大蠔相比，兩地有什麼近似的地方？

延伸思考

梅窩是本港歷史悠久的度假區，每逢假日，遊客絡繹不絕。在有限度的發展下，環境寧靜卻又不失生活所需，是觀星和接近大自然的好選擇。大嶼山發展專責小組曾提出《大嶼山發展概念修訂計劃》，建議在梅窩進行一系列翻新工程，當中包括修建單車徑，也設立生態和文化教育中心。

1. 梅窩度假區資源評估

《大嶼山發展概念修訂計劃》建議在南大嶼山長沙一帶興建度假村，以振興經濟發展。梅窩的度假旅館在沒有政府的規劃下，多年來為遊人提供了週末康樂的好去處。考察梅窩四周的天然和人文資源，有哪些是特別吸引遊人的？問卷調查和焦點訪談有助深入了解遊人在選擇度假地點的喜惡。究竟在小小的梅窩有什麼東西吸引著遊客？梅窩的有利條件在長沙一帶也能找到嗎？發展長沙又會否影響梅窩的經濟發展？

2. 光污染

梅窩位處海濱，給綿綿山脈環抱；西、南兩方的大嶼山郊野公園更進一步限制了梅窩的城市化過程。因此梅窩是香港少數沒有受嚴重光污染（light pollution）影響的地點。光度以「勒克斯」（lux）為單位，可利用光度計（lux meter）量度。室內光度達五百勒克斯左右即足以閱讀；晴天時，日光可達一萬勒克斯以上。在晚間以光度計量度梅窩的光度，並把數據與旺角或中環等商業中心比較，兩者差別有多大？在城市中有哪些燈光其實是不必要的？光害除了影響觀星活動外，對生態系統（尤其是夜行動物）有什麼影響？探究問題時可參考晚上拍攝的衛星圖片和環保團體就市區光污染問題所做的調查。

沙羅洞

發展與保育的衝突

　　沙羅洞是香港其中一個最具生態價值的地方，這裡有河道、池塘、沼澤、林地，還有荒廢的客家村落和農田。這個地方到底有什麼特別之處？

閒遊鳳園

　　旅程的起點是鳳園路。沿路一直走到盡頭就會看到蝴蝶保育中心，這裡也是通往鳳園的路徑。鳳園是蝴蝶天堂，大家可以順道參觀。筆者這天就找到幻紫

▲▲ 蒲桃

▲▲ 幻紫斑蛺蝶

斑 蛺 蝶（*Hypolimnas bolina*, Great Egg-fly）（見〈我們身旁的小昆蟲──蝴蝶〉一文）。除蝴蝶外，鳳園也有其他常見植物，例如蒲桃（*Syzygium jambos*, Rose Apple）。

　　沿著路牌，沿梯級向上走。跟這條長長的樓梯搏鬥二、三十分鐘過後，抵達車路。回頭一看，鳳園和大埔就在腳下。先歇息一會，欣賞風景，然後向左沿車路繼續往山上走。

▲▲ 二〇〇五年的鳳園和大埔

▲▲ 現時鳳園一帶已有大量發展

洗手間

▲▲ 沿梯級登上沙羅洞

　　到達休憩處（舊稱大炮亭），再繼續向左走，便到達進村的路口，左邊的路往張屋，右邊的往李屋。

沙羅洞事件

沙羅洞又名沙螺洞，歷史可追溯至乾隆年間。五、六十年代時，村民都以務農為生。七十年代末、八十年代初的時候，沙羅洞的人口約有四百五十人。隨著經濟發展，農業漸漸式微，村民開始遷出到市區和海外各地，村落開始荒廢，沙羅洞遂出現鄉村衰落（rural decay）的現象。沙羅洞雖然位處百多米的山谷，但由於有河溪流經，令這處充滿生機；加上地理位置不便，人為干擾甚少，農田被廢棄後漸漸變為這個位處山谷的淡水濕地，極具生態價值。

一九七九年，村民把土地賣給發展商。一九八二年，發展商向政府提交發展計劃

▲▲ 沙羅洞三面被山環抱

▲▲ 白茅與乾草

179

▲▲ 蝴蝶採花蜜

書，並於一九九〇年獲批准。及後有環保團體於一九九二年提出司法覆核，發展被迫擱置。

　　眼見發展計劃被拒，失去大筆收入，有人遂於一九九五年提出於沙羅洞復耕，把原本的濕地重新開墾，進行耕作，以表達對環保團體阻撓發展的不滿；發展商則再提交新計劃書。一年後，環境諮詢委員會否決就發展沙羅洞的環境評估報告。

　　二〇〇四年，沙羅洞被政府納入《新自然保育政策》優先加強保育的地點，期望真正可以做到既發展，又能保育生態。

張屋和李屋

▲▲ 張屋宗祠

　　張屋荒廢多時。走近一點可看到屋內情況。眼前雜草叢生、破爛失修的景象，很難相信沙羅洞是繼

▲▲ 李屋

▲▲ 遠眺張屋

▲▲ 張屋

▲▲ 張屋

米埔後香港第二高生態價值的地方。再到另一邊的李屋，可看到越野車駛經的痕跡；地上也遺有野戰用的塑膠彈（見《生態悠悠行（增訂版）〈元荃古道〉一文）。

▲▲ 越野車的痕跡

▲▲ 被雜草遮蔽的溪流

保育政策

　　發展受阻，任由土地荒廢，無人管理，這就是保育嗎？沙羅洞一直以特色客家村屋和眾多蜻蜓（dragonfly）品種而聞名。現在農田荒廢，村屋破爛失修，溪流被野草掩蓋，蜻蜓的棲息地逐漸縮減。過去有村民於當地種植油菜花，成千上萬的小黃花十分美麗，也吸引了不少人到訪、拍照。可惜美景背後的事實是油菜花抽乾了濕地的水。

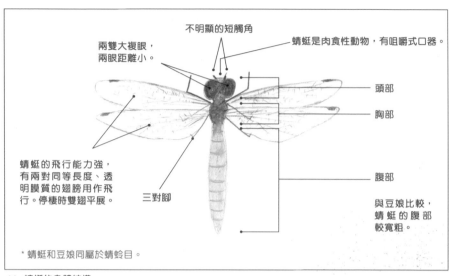

不明顯的短觸角

兩雙大複眼，
兩眼距離小。

蜻蜓是肉食性動物，有咀嚼式口器。

頭部

胸部

蜻蜓的飛行能力強，
有兩對同等長度、透
明膜質的翅膀用作飛
行。停棲時雙翅平展。

三對腳

腹部

與豆娘比較，
蜻蜓的腹部
較寬粗。

* 蜻蜓和豆娘同屬於蜻蛉目。

▲▲ 蜻蜓的身體結構

擁有高生態價值的沙羅洞被納
入《新自然保育政策》的優先加強保
育地點，卻是無人監管的地方，任
由其荒廢，甚至受到人為破壞，沙
羅洞的生態價值已明顯比早期下降，

▲▲ 白花鬼針草

▲▲ 菌類

甚至淪為市民行山時途經時毫不
起眼的一條廢村。根據環保團體
的調查，沙羅洞的濕地面積在過
去十年間大大減少八成。濕地不
再，蜻蜓和其他濕地生物也難以
生存。

二〇一八年四月，政府與發
展商開始討論換地協議，沙羅洞
的土地則開始由環保團體負責進
行生境復修。即使復修計劃已經
開始，卻遲來了近二十年。在《新
自然保育政策》推出以來，到復
修計劃開始期間，一切的保育措
施還不過是紙上談兵。沙羅洞的

▲▲ 張屋附近的生態優化計劃

保育措施最終成效如何，現時評論還是言之尚早。保育政策現實上難以做到兩全其美？要發展還是保育？如何發展？如何保育？如何取得兩方面的平衡？這些問題有待大家一起去尋求解決方法（見〈在十字路口徘徊——香港自然保育政策前瞻〉一文）。

▲▲ 村民與發展商就發展的爭議

▲▲ 自然保育中心

旅程資料	位置 新界中	行程需時 3 小時	行程距離 5 公里
	主題　發展與保育的衝突		

路線	鳳園路 ▶ 鳳園 ▶ 沙羅洞 ▶ 大埔工業邨
前往方法	乘搭前往鳳園總站的巴士或小巴，於鳳園總站下車。
注意事項	尊重當地文化，保護古跡。村屋或日久失修，切勿進入；亦切勿闖入已圍封的土地。

生態價值指數	文化價值指數	難度	風景吸引度
★★★	★	★★★	★★

考考你

1. 你找到沙羅洞受破壞的痕跡嗎？
2. 仔細觀察蝴蝶與蜻蜓的動靜。有什麼有趣的發現？

延伸思考

小小的沙羅洞生態資源豐富，可以找到的蜻蜓目昆蟲最少有八十種，佔全球五千五百多種的百分之一點五。可惜，沙羅洞的發展計劃在各方爭持逾四十年後仍未有確實定案，沙羅洞的未來仍是一片模糊。在地處偏僻而又缺乏打理的情況下，沙羅洞已成了荒廢村落，受著各種不同的破壞。再不盡快挽救，恐怕最終只會浪費了一片寶地。

1. 沙羅洞保育計劃

沙羅洞有什麼珍貴的天然和人文資源？透過地理資訊系統或地圖，把各種資源的生態／文化重要性和生態旅遊資源潛力以數值表示出來，並且重疊分析，規劃出生態旅遊景區（旅客可到訪）和保育區（限制旅客到訪）的位置。注意具有極高生態／文化重要性的資源不一定需要開放作生態旅遊；同一種天然／人為資源，例如風水林或舊建築，亦可以「有限度空間／時間開放」的形式來平衡生態旅遊和保育。你所提出的保育計劃需要爭取哪些持分者（stakeholder）的支持？緊記沙羅洞地處偏僻，常有流浪狗出沒，要特別注意安全。

2. 鄉城遷移的原因

新界村落眾多，但部分已荒廢多年，雜草叢生。雖然在欠缺人為干預的情況下，生態系統可以快速發展，但任由村落荒廢亦令富有歷史價值的建築和設施日漸破損。隨著城市發展，城鄉之間的收入和生活水平差別漸大，形成不同的「拉因素」（城市中吸引定居的正面原因）和「推因素」（鄉村中迫使村民移居他地的負面原因），同一時間吸引和催促著村民離開鄉村到城市尋求更佳的生活，形成鄉城遷移（rural-urban migration）。嘗試利用沙羅洞作個案研究，並參考鄰近地區的社會和經濟條件，歸納沙羅洞村民當時所面對的「拉因素」和「推因素」。探究的結果對鄉郊保育有什麼啟示？有方法可以令村民重返沙羅洞嗎？

東龍洲

壯觀的海蝕地貌

東龍洲是一個離香港島不遠的小島，屬西貢區。東龍洲四面環海，受著強烈的海岸侵蝕，沿岸有豐富的海蝕地貌，尤其在缺乏屏蔽的東岸，海蝕現象更為壯觀。島上有不少海蝕洞、海蝕隙等「通窿」（穿洞）地貌，「東龍」之名由此而成。

香港彎曲綿長的海岸線主要是因為沿岸地區受到海浪侵蝕。海浪侵蝕的速度主要受到地質和外在環境因素影響。香港的地質主要是火成岩（igneous rock），容易被侵蝕，加上盛行風從東面而來，所以整體而言香港東岸以侵蝕性地理現象為主，反之西岸主要是沉積性地理現象。東龍洲位於香港東面，受到強烈的盛行風吹襲和巨浪衝擊，海蝕平台、海蝕崖、海蝕洞、海蝕隙、吹穴等，都能在東龍洲一一找到。

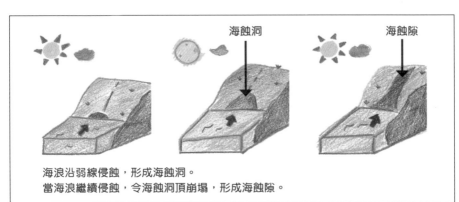

海蝕洞　海蝕隙

海浪沿弱線侵蝕，形成海蝕洞。
當海浪繼續侵蝕，令海蝕洞頂崩塌，形成海蝕隙。

▲▲ 海蝕洞與海蝕隙的形成

　　遊人大致可依兩條路線遊覽東龍洲：一是環島遊，這路線適合愛探險、體能較好的行山人士，全程約需五小時，頗消耗體力；另外也可在營地附近一帶行小山丘和觀浪，適合一些好遠足消閒、低運動量的遊人。讀者亦可以自由配搭，在這裡露營、觀星、行山，「一次過滿足三個願望」，與朋友歡度週末。

石刻

　　從南堂碼頭走到海邊的石刻只需二十分鐘，但是到達前需要走一條頗長的樓梯。東龍洲石刻是本港最大和

▲▲ 石刻

最早有文獻記載的石刻，惟確實刻石的年份則無從推敲。石刻雖然受著風化的影響而變得模糊，但細心觀察仍可看到它的紋理。早在一八一九年，王崇

熙編寫的《新安縣志》就有「石壁畫龍，
在佛堂門，有龍形刻於石側」的記載，
可見當時已有人到達東龍洲。

鹿頸灣

　　離開石刻，多走約三刻鐘便到達鹿
頸灣，沿路更可看到美麗的海景。顧名
思義，鹿頸灣看起來像一個狹長的頸狀。
當到達那「頸」的位置時，大家定會眼
前一亮！海水拍打海岸，場面十分壯觀，
恍如置身非洲好望角。沿路走回主線，細
心觀察路邊植物，有機會找到聞名於行
山者的「小花鳶尾」（*Iris speculatrix*,

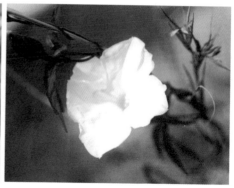

▲▲ 小花鳶尾

Hong Kong Iris）！當然大家要緊記，「路邊花兒不要採」，因為小花鳶尾是
受《林務規例》保護的植物，採花也會破壞生態的平衡啊！

直升機坪

　　離開鹿頸灣，沿著蜿蜒的山脊行走，比前一段
走得辛苦。幸好沿路的風景甚美，可欣賞奇峻岩岸，
加上微微海風，走起來倍覺舒泰。到達直升機坪和航

▲▲ 三角網測站

空導航平台時，只要繞著鐵絲網走，柳暗花明，便可看到一條下山的路徑。這段路是全程的高潮，因為這是一條由人開闢的山徑，非常崎嶇。大家要手腳並用，約大半小時，便可抵達露營場地。

吹穴

在營地可遠眺多種海蝕地貌，如吹穴、海蝕洞、海蝕隙等。東龍洲的吹穴十分有名，遠看像是一個凹陷的洞，其實是海浪由

吹穴

下而上侵蝕至穿頂而成。當海風吹進洞穴，便會像吹號角般發出響聲，為吹穴帶來不少神秘色彩。大自然的一點玩笑足為人類帶來無限的想像空間，豐富了我們的文化生活。海浪夠強大的話，海水甚至可以從吹穴噴出呢！

海浪的侵蝕使懸崖的石縫擴大。

形成一個海蝕洞。

海浪所造成的水力作用，使海蝕伸展至懸崖頂，並形成一個洞穴，稱為吹穴。

▲▲ 吹穴的形成

海蝕平台

從營地旁的小路，可慢慢走到海蝕平台。海蝕平台是岩岸不斷受到海浪衝擊，懸崖不斷後退所形成。大家可以坐在這大平台上一邊享受食物，一邊看著洶湧的海浪拍打岩石，十分驚心動魄。要是遇到有人在這裡攀石，大家更可欣賞他們的雄姿。但要緊記，若是沒有適合裝備或未經訓練的，大家還是眼看手勿動了。這個獨特的海岸地貌，不但成為攀石愛好者的聖地，更吸

海蝕平台

引了不少電影和電視節目來這裡取景。這樣一來，東龍洲的知名度增加了，還帶動了小島的經濟。

噴水岩

　　海蝕平台旁的一處經常有海水噴出故叫噴水岩，觀賞時要小心。海浪湧出岩底時，受壓而從空隙中噴出海水，冬天時東龍洲受冬季季候風影響，風浪特別大，噴水岩更為壯觀。

▲▲ 噴水岩

東龍洲炮台

東龍洲自宋代以來，已是一個重要的戰略據點。據史書記載，清朝康熙年間，兩廣總督楊琳因當時海盜橫行而建造東龍洲炮台。炮台建成後，一直駐有守軍。後因難以補給物資而逐漸衰落。一八一〇年，炮台移建九龍，東龍洲炮台從此荒廢。一九七九年六月二十二日，炮台被劃為特別地區，受《郊野公園條例》保護。一九八〇年，政府把炮台列為法定古蹟，並隨之進行考古、發掘及修葺，出土器物數量甚豐。

▲ 炮台遺址

營地

營地附近有燒烤場和洗手間，景色怡人，適合一家大小或知己朋友享受野餐之樂。大家亦可選擇在候船回程前到不遠處的小食亭購買飲品食物。營地是全島人流最多的地方，帶來的環境破壞也是最嚴重的。隨地可見的垃圾、被踐踏得奄奄一息的小草、殘缺的海岸植物，均展示了康樂活動與保育的衝突。

營地

▲ 士多

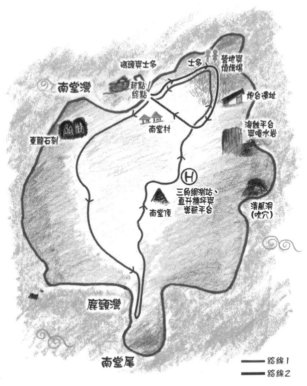

		行程需時	行程距離
	位置 西貢	（路線 1）6 小時 （路線 2）3 小時	（路線 1）6.5 公里 （路線 2）2.5 公里

旅程資料

主題　　海岸景觀

路線　　（1）南堂碼頭 ▶ 石刻 ▶ 鹿頸灣 ▶ 直升機坪 ▶ 營地及炮台 ▶ 南堂碼頭
　　　　（2）南堂碼頭 ▶ 營地及炮台 ▶ 南堂碼頭

前往方法　在西灣河或三家村乘街渡至東龍洲（約需半小時）。

注意事項　請於出發前準備充足食水和計劃回程時間。

生態價值指數	文化價值指數	難度	風景吸引度
★★★★	★	★★★	★★★

考考你

1. 在東龍洲上有高大的樹木嗎？為什麼？

2. 參考本書〈中環一山頂〉和〈東龍洲〉二文，說說環境與植被有什麼互動的影響。

延伸思考

東龍洲位於香港東面，受著從大海而來的盛行風正面吹襲，因此風高浪急，塑造了大量不同規模的海岸地貌。島上亦有康熙年間建造的炮台，標誌著海防歷史的發展。

1. 東龍洲地貌的發展

東龍洲的地質主要為條紋斑雜凝灰岩（eutaxitic tuff）和凝灰角礫岩（tuff-breccia），兩者均為火山岩。利用地質圖，詳細記錄島上各種地貌的位置。把地質資料和相關的氣候資料比較，找出地貌、地質和氣候有什麼關係。侵蝕性地形（如海灣、岬角）集中在東龍洲哪些位置？東龍洲上有沉積性地貌（如沙灘、泥灘）嗎？位置在哪裡？有什麼原因？氣候資料可向香港天文台查詢，地質圖可在地政總署測繪處購買。

2. 地理位置和地質對地貌發展的影響

基於上述研究的結果，宏觀地考察香港不同地點的地形。香港的沉積性和侵蝕性地形有一定的空間分佈規則嗎？原因是什麼？研究時可選擇一個與東龍洲地質相同、但不受強勁風浪影響的地點，以及另一個同樣面對強勁風浪但地質截然不同的地點作個案對比，研究一下地理位置和地質在侵蝕過程中的相對重要性。

南生圍
迷人的西北濕地

　　一個從前寂寂無名的新界西北濕地，卻因為鱷魚女「貝貝」的出現而聲名大噪，如今已成為遊客必到之處。

錦田河

　　為了重訪昔日貝貝出沒的地方，我也到南生圍看看。先到達元朗大棠道，再轉乘 76K 巴士於紅毛橋下車，向前沒走多久便到達南生圍路路口。那

▲▲ 錦田河

▲▲ 南生圍路

▲▲ 南生圍路

是一條行車路，沿路前行，錦田河的風景盡收眼底，再向前走沒多久會見到左邊有農場和魚塘。農場裡有食物和飲料售賣，可為之後的旅程作準備。道路平坦易行，大可一邊閒逛一邊仰望天空，不時有一大群到魚塘覓食的鸕鷀（*Phalacrocorax carbo*, Great Cormorant）從頭頂飛過，好不逍遙自在。鸕鷀是其中一種大型水鳥，全身披著黑色羽毛，與其黃色雙頰形成強烈對比。除了鸕鷀，錦田河兩岸還可以看見小白鷺、反嘴鷸（*Recurvirostra avosetta*, Pied Avocet）等水鳥。牠們都喜歡在紅樹林集結，原因當然是那裡美味的彈塗魚和招潮蟹啦！

▲▲ 紅樹林

▲▲ 海桑

河邊紅樹林

　　繼續向前，看見一大群遊人圍在一團。原來他們正在用心聆聽生態導遊
講解河岸的紅樹林。這裡的紅樹主要有秋茄和老鼠簕。不過當中有幾株紅樹
特別高大，其他遊人也注意到了。原來那是海桑（*Sonneratia caseolaris*），
原屬熱帶植物，九十年代被引入到中國的福田濕地。由於南生圍與福田只有
一河之遙，所以海桑的種子可以隨水來到這裡。海桑不是本地紅樹，但生長
迅速，並開始侵略本地紅樹的生境，漁護署已著手進行清除工作，以維持生
態平衡，尤其是低窪地區的海欖雌的正常發展。外來品種植物與本地品種爭
逐資源，而且它們往往缺乏天敵控制其繁殖，極有可能造成生態災難。南生
圍的海桑群阻慢水流，每當下大雨，南生圍不免會有水浸危機。據知，海桑

已在后海灣落地生根,與本地紅樹爭逐地盤。其實外來品種對香港生態造成災難已不罕見,最為人熟悉的事例想必是薇甘菊(見本書〈綠色生態災難〉一文)。希望有關方面可以盡快找到有效方法根治這些「省港奇兵」。

▲▲ 蘆葦與魚塘

▲▲ 魚塘生態系統

▲▲ 小白鷺

▲▲ 反嘴鷸

▲▲ 錦田河和山貝河交界

看完紅樹林，走著走著，便會發現右面白影紛飛。仔細一看，好一大群雀鳥在對岸棲息。當中有白鷺，也有反嘴鷸。雖然距離是遠了一點，但仍可看見牠們的優美姿態。雀鳥有的在空中不斷起落，有的在水上緩緩低飛，有的在林裡展翅

歇息。看見這樣的景色，真是「只羨鴛鴦不羨仙」。不過這次「鴛鴦」要改為「白鷺」和「反嘴鷸」了。

山貝河

　　沿著錦田河向前走，便會到達河流交匯點，之後便會轉入山貝河範圍。有說山貝河靠近民居，已受到嚴重污染。到達這裡才發現情況也不怎樣壞，至少嗅不到難聞的氣味。不過如果希望有更客觀的結論，可以抽取河水樣本，再利用水質測試套裝（水族用品店有售）測試河水的酸鹼度，與及氨（ammonia，即阿摩尼亞）、亞硝酸鹽（nitrite）、硝酸鹽（nitrate）等污染物的含量。量度過後，你認為河水水質如何？

▲▲ 在草地上野餐，好不快樂。

　　沿山貝河漫步，不久即被眼前的大片草地懾著。一班遙控飛機發燒友正在大顯身手。不過南生圍是眾多雀鳥的棲息地，遙控飛機的聲浪極有可能影響牠們的生活，還是奉勸各位不要在南生圍玩遙控飛機。

▲ 蘆葦、魚塘與樹影

▲ 尤加利樹的花

▲ 白千層的樹幹

▲ 已凋謝的白千層花

▲ 尤加利樹「隧道」

尤加利樹隧道

　　離開行車道，改為踏著軟軟的草地漫步。走沒多久，眼前出現了一條由尤加利樹（*Eucalyptus*）組成的「隧道」！大量的尤加利樹整齊的長在道路兩旁，是南生圍的著名地標。尤加利樹即桉樹，原產於澳洲。尤加利樹可再細分為多個品種。尤加利樹的葉會發出像檸檬的清香味道，有驅趕蚊蟲的作用，故常被人提煉成精油和清潔用品。桉樹在香港是常見的植物，一般人常將桉樹與白千層混淆，其實只要仔細比較它們的樹幹，就會發現桉樹樹幹要比白千層的要順滑及堅硬得多。白千層的樹幹像被紙張一塊一塊的包裹著，而且是軟綿綿的。「隧道」的左面是一大片魚塘及蘆葦林，我不禁納罕！香港真的有這麼優美而恬靜的地方嗎？

橫水渡頭

　　穿過樹林，到達鄉村範圍，再沿路走便來到橫水渡頭。自從大澳以鐵橋取代橫水渡後，這種古色古香的交通工具在香港已是非常罕見。雖說與對岸相距只有二十米左右，但一邊坐著木舟，一邊感受鄉村氣息，再夾雜著船家移動船舵時木頭之間的摩擦聲，數十秒的船程卻成了十分獨特的體驗。

▲▲ 橫水渡頭

▲▲ 從南生圍往東看

元朗污水處理廠
米埔和后海灣
甩洲
大生圍
山貝河
錦田河

▲▲ 從南生圍往北看

　　下船後沿路前行，山貝村公所就在眼前。在山背路往左轉前行便到達山貝村的正門。沿路前行便能重返市區，到達元朗輕鐵站和巴士總站。

▲▲ 山貝村公所

▲▲ 山貝村

	位置 新界西北	行程需時 3 小時	行程距離 4 公里
 旅程資料	主題　魚塘文化		

路線　　南生圍路 ▶ 錦田河 ▶ 山貝河 ▶ 尤加利樹林 ▶ 橫水渡 ▶ 山貝村

前往方法　元朗大棠道乘 76K 巴士於紅毛橋下車。

注意事項　南生圍路乃行車路，行走時要注意安全。

生態價值指數	文化價值指數	難度	風景吸引度
★★★★	-	★★	★★★★

考考你

1. 魚塘可視為一個獨立的生態系統。試在南生圍觀察此生態系統如何運作。有哪些投入、過程和產出？

2. 海桑在哪些地方最為常見？福田又為什麼要引入海桑？

3. 南生圍與元朗這麼接近，應該發展成新市鎮的一部分嗎？為什麼？

延伸思考

過去數十年，南生圍一帶都以農業為主要經濟活動，該區的烏頭魚更是享負盛名。但隨著元朗和天水圍新市鎮的建立，農業活動受到務農人口減少、環境污染、城市蠶食、地租上升、土地用途改變等因素影響而逐漸式微。今天的南生圍尚有寥寥無幾的魚塘映襯著四周的高樓，他日也許連倒影也成了高樓的工地。魚塘在城市人眼中微不足道，對生態系統來說卻是重要不過。

1. 魚塘生態系統

南生圍一帶碩果僅存的魚塘，既為夕陽中的漁農業盡點綿力，也為新界西北區，尤其是拉姆薩爾濕地一帶的生態系統作出重大貢獻。魚塘可被視為一種人為的動植物棲息地。魚塘這農業系統是如何操作的？與基圍（見本書〈尖鼻咀〉一文）比較有什麼分別？在生態方面，魚塘生態系統又是怎樣的？魚塘和基圍生態系統中誰的價值比較高？試以棲息、覓食和孕育的動植物品種來判定。

2. 農業的生存環境

面對內地競爭，香港農民早年已改種價值較高的經濟作物，如蔬菜、鮮花、草本香料或有機作物，以求在城市蠶食下找到一線生機，開拓新市場。魚塘作業者又有類似的對策嗎？試訪問相關政府部門（包括漁護署漁業分署）和魚塘作業者，搜集相關資訊，並探討現行措施的成效。

尖鼻咀

邊境的雀鳥天堂

　　米埔這名字相信大家絕對不會陌生，那裡是一片管理完善的濕地，亦是雀鳥棲息的好地方。惟進入米埔需要特別申請，對於三五知己要即興觀賞雀鳥，毗鄰米埔的尖鼻咀也是一個不錯的選擇。

唐夏寮

　　尖鼻咀位於天水圍東北面，與米埔十分接近，前往尖鼻咀能觀賞基圍及不同種類的雀鳥，但不需要申領禁區通行證。在元朗乘 35 號小巴可直達尖鼻

▲▲ 介紹牌　　　　　　　　　　　　　▲▲ 尖鼻咀迴旋處

咀迴旋處。下車後直行可見停車場，旁邊有一介紹牌，詳述「唐夏寮」的由來。「唐夏寮」是指位於龜山上三百多年前為商旅所興建的臨時居所。唐朝時，中國國力興盛，西方人稱中國人為唐人，「唐夏寮」因而得名。

　　介紹牌旁有一頗長的樓梯直達觀景亭。觀景亭附近亦設置不少傳意牌，介紹這裡出沒的雀鳥。在觀景亭可俯瞰整個尖鼻咀，適逢考察當日煙雨濛濛，魚塘顯得格外寧靜幽雅。在觀景亭的另一邊則可遠眺深圳的高樓大廈，恰巧

▲▲ 觀景亭

▲▲ 雀鳥資料牌

▲▲ 樓梯直上觀景亭

和這邊的漁鄉風貌形成強烈對比。但想深一層，香港這面的是一片珍貴濕地，對岸的卻已是另一座大城市，之間並未設有寬闊的生態緩衝區。這種「一河兩制」現象實在是反映了兩地在城市規劃層面的不協調。任由一方努力限制城市向濕地擴展，對岸的一方未能配合，效果也是徒然。

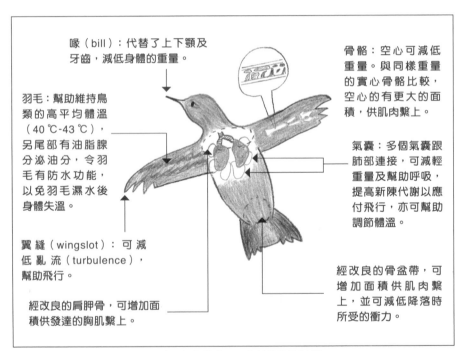

喙（bill）：代替了上下顎及牙齒，減低身體的重量。

骨骼：空心可減低重量。與同樣重量的實心骨骼比較，空心的有更大的面積，供肌肉繫上。

羽毛：幫助維持鳥類的高平均體溫（40℃-43℃），另尾部有油脂腺分泌油分，令羽毛有防水功能，以免羽毛濕水後身體失溫。

氣囊：多個氣囊跟肺部連接，可減輕重量及幫助呼吸，提高新陳代謝以應付飛行，亦可幫助調節體溫。

翼縫（wingslot）：可減低亂流（turbulence），幫助飛行。

經改良的肩胛骨，可增加面積供發達的胸肌繫上。

經改良的骨盆帶，可增加面積供肌肉繫上，並可減低降落時所受的衝力。

▲▲ 候鳥（migratory bird）長途飛行的秘密——身體的特別結構

▲▲ 鳥蕨

▲▲ 濕地

▲▲ 拉姆薩爾濕地的傳意牌

▲▲ 彈塗魚和招潮蟹

邊境路

　　回到停車場，沿馬路走，一片非常
之大的濕地盡在眼前。紅樹林、水鳥、
鴨子、泥灘等構成一幅美麗動人的圖畫。
由於我們與雀鳥有一定距離，因此必須
帶備八至十倍的望遠鏡才可以把牠們看
得清清楚楚。經過警崗，便來到邊境路。
邊境路旁有傳意牌簡介拉姆薩爾濕地。

▲▲ 邊境路

拉姆薩爾（Ramsar）是一伊朗城市。一九七一年各締約國於當地簽訂一份保護水禽棲息地的國際公約，名為《拉姆薩爾公約》（Ramsar Convention）。公約於一九七五年執行，到目前為止已有一百七十一個締約國，而列入受國際保護的濕地已逾二千三百片。香港的米埔和內后海灣便是其中之一（見《生態悠悠行（增訂版）》〈拉姆薩爾濕地〉一文）。

▲▲ 紅樹林

▲▲ 基圍的水閘

▲▲ 白鷺在紅樹林覓食

基圍

沿著邊境路前行，會發現右面長滿紅樹。但細心一看，紅樹林被一排一排的塘分隔，排列得井然有序，不像是大自然的作為。沒錯，那就是我們常常聽到的基圍。說到基圍，相信大家就會想起基圍蝦。蝦農在秋季透過基圍的水閘定期將海裡的魚苗、蝦苗引入基圍飼養。但引入海水的過程絕對不能馬虎，否則會淹死基圍內的紅樹。別小看那些紅樹，它們的落葉經分解（decompose）後會成為基圍內魚蝦的主要糧食，萬一紅樹死了，圍內的魚蝦也會因缺乏糧食而死。到了春夏季，圍內魚蝦已經茁壯成長，蝦農便會選

擇幾個潮差較大的日子，特別是農曆初一及十五，由朝到晚將基圍內的水排出，並在閘口網羅已經成長的肥美魚蝦。邊走邊看，會發現當年用來控制海水進出基圍的水閘。現在這些基圍已經荒廢，形成一個又一個水鳥天堂。運氣好的話，還可近距離看到極度瀕危的黑臉琵鷺（*Platalea minor*, Black-faced Spoonbill）在覓食呢！

▲▲ 難得一見的黑臉琵鷺

魚塘

走過荒廢的基圍，便看到魚塘。抬頭不時有大群鷺鳥在盤旋，好不熱鬧！即使在架空的電線上亦可看到鸕鷀及喜鵲（*Pica pica*, Common Magpie）等。再向前走便會來到河口，那裡可遠眺天水圍新市鎮。高樓大廈倒影在滿是鷺鳥的河流中，是相映成

趣？未來水中的倒影中又會否只剩下高樓？河口位置更寧靜空曠，可觀賞到更多雀鳥，如黑鳶等。觀鳥過後，我們可沿路折返小巴站，返回市區。

▲▲ 魚塘

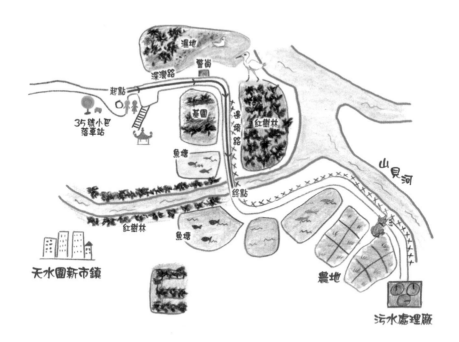

濕地
警崗
深灣路
起點
基圍
紅樹林
35號小巴落車站
魚塘
湯壙路
終點
山貝河
紅樹林
天水圍新市鎮
魚塘
農地

污水處理廠

旅程資料	位置 新界西北	行程需時 3 小時	行程距離 1.6 公里
	主題　濕地生態		

路線　　觀景亭 ▶ 邊境路 ▶ 荒廢基圍 ▶ 魚塘及河口 ▶ 沿路回程

前往方法　　於元朗泰豐街乘 35 號小巴前往，於尖鼻咀下車。

注意事項　　請帶備八至十倍的望遠鏡。

生態價值指數	文化價值指數	難度	風景吸引度
★★★★★	★	★	★★★

考考你

1. 你知道候鳥和留鳥（resident bird）的分別嗎？
2. 找一張珠江三角洲地圖，看看尖鼻咀的地理位置有什麼特別？
3. 有什麼自然因素會影響尖鼻咀的生態系統運作？

延伸思考

尖鼻咀的基圍生態是人類與生態系統相輔相成的最佳例子。蝦農既從大海引入魚苗、蝦苗，也利用周邊的紅樹林為魚苗、蝦苗提供源源不絕的食物。現在基圍多已不再運作，也缺乏管理，它在生態系統中的重要性反而有增無減，繼續成為候鳥和留鳥的棲息地。

1. 人類與自然環境的關係

人類的發展與自然環境有必然的衝突嗎？以基圍作考察重點，深入研究基圍食物鏈和養分循環的過程。哪（幾）種動物在食物鏈中擔任第三級消費者（tertiary consumer）的角色？又有哪些植物是生產者（producer）？在基圍的食物鏈和養分循環過程中，人類的角色是什麼？人類有沒有加入或提取系統中的能量和養分？有關食物鏈和養分循環的知識可參考《生態悠悠行（增訂版）》〈養分循環與能量轉移〉一文。

2. 香港的留鳥和候鳥

鳥類按其留港覓食繁殖的時間長短，可分為候鳥（例如黑臉琵鷺）和留鳥（例如麻鷹、白鷺）。留鳥一年四季可見；候鳥則有季節性遷移習慣。按人力、資源和時間，在尖鼻咀劃定一考察範圍，定期統計各種鳥類的品種和數量。鳥類多在什麼季節在港覓食？透過觀察鳥類活動，歸納香港吸引鳥類棲息的條件。四周的魚塘和基圍又有關係嗎？香港鳥類品種繁多，要訂立明確的目標，選定數種鳥類集中研究。

孖指徑
尋覓軍事要塞之旅

如果那條繞城門水塘一周的路線已經走過了，又想在市區附近找一點新意，孖指徑會是一個好選擇！

水塘路段

孖指徑全程只有三公里，加上斜路不多，即使不慣於遠足者也不會感到吃力；沿途風景不俗，交通亦很方便。旅程起點是城門水塘的小巴站。首先沿馬路走到燒烤場。當然，如果時間充裕，也可選擇先

▲▲ 俯瞰城門水塘

在城門水塘一帶走走才出發（見本書〈城門水塘〉一文），因為走畢這條路線只需二小時三十分鐘左右。

進擊的猴子

走到燒烤場前，請先把膠袋收好。那裡猴子太多了，如果手持膠袋，不論裡面有沒有食物，都會成為猴子搶奪的目標。不論是從非法餵食者手上領取食物，還是把剩餘食物從垃圾箱翻倒的過程，猴子慢慢學會膠袋跟食物的關

▲▲ 地道入口

▲▲ 猴子

▲▲ 猴子捉蚤抓毛的樣子

▲▲ 麥理浩徑第六段起點

係。猴子發展出搶奪膠袋的行為，可說是人們餵食和把食物留在郊野的結果。在香港，對膠袋感興趣的不只有猴子，還有野豬和流浪牛。近年來，猴群繁衍快速，郊野食物供應不敷需求；城市發展也越來越接近郊野，猴子有時會跑到附近的民居覓食。當我們一面控訴當局未有做好猴群管理的同時，又有否反思過問題的成因？

戰場地道

　　一直向前走，可以看到麥理浩徑第六段的入口，從這兒走上去就可以了。沿路會發現很多地道和要塞（防空洞），它們都屬於當年英軍所設的「醉酒灣防線」（又名垃圾灣防線）。這道防線於一九三六年開始興建，用

▲▲ 要塞

▲▲ 要塞

以抵抗日軍的攻擊。從荃灣以南、葵涌海岸的醉酒灣（又名垃圾灣）經城門水塘、城門河、大老山，一直伸延到西貢牛尾海，全長約十八公里，設施包括地堡、機槍陣地、戰壕等。根據資料，這是當年九龍半島的最後防線，但最後也在一九四一年十二月被日軍攻破，並南下九龍半島和香港島。

山頂風光

再往前走，就會有一個分岔路口。路口不太明顯，要加倍留意。看看照片，在這裡我們要走左邊的路繼續上山。這裡有一片空地，可以休息一下。再往上走大概十至十五分鐘後就會到達最高點，有三百三十七米高，四面的風景一覽無遺。

▲▲ 分岔路口

懸浮粒子

可惜那天遇上了煙霞（又稱霧霾），只看到模糊景色。煙霞這問題越來越常見，促使我們更加關注空氣污染問題。試想想，你每天吸入的就是這些充滿著大大小小懸浮粒子（suspended particulates）的空氣，

▲▲ 位於山頂的三角網測站

是多麼的可怕！懸浮粒子主要是燃燒化石燃料時所產生的，發電廠、汽車、輪船都是香港主要的懸浮粒子來源。當然還有一部分的懸浮粒子是從珠江三角洲吹過來的。

懸浮粒子不只減低能見度，還會影響健康。主要受到關注的懸浮粒子有兩種，一是 PM_{10}（可吸入懸浮粒子），另一種是 $PM_{2.5}$（微細懸浮粒子）。PM 是代表 particulate matter（懸浮粒子）；其隨後數字是其微米（micrometer，即千分之一毫米）直徑。我們的頭髮直徑一般是五十至七十

▲▲ 煙霧籠罩山下的住宅

城門河谷的空氣流動不佳，使駛經城門隧道架空路段的汽車廢氣在河谷久久不散，形成空氣污染，造成能見度低的問題。

▲▲ 空氣污染與地形的關係

微米。換句話說，懸浮粒子的直徑比頭髮還要幼細。可吸入懸浮粒子體積較大，也到達上呼吸道；微細懸浮粒子更可深入肺部，甚至「搭便車」進入血管，嚴重影響健康（見本書〈烏溪沙〉和《生態悠悠行（增訂版）》〈油塘－馬油塘〉二文）。

　　希望這些「煙霞照片」不會破壞了你對這個地方的印象。背後是大帽山，左後方是城門水塘。留心一點你更可看到城門隧道中間的行車橋。左邊是針山（Needle Hill），左前方是下城門水塘。往這個方向再看遠一點，就是沙田。右邊的屋邨就是今天的終點──葵涌安蔭邨。

▲▲ 針山

▲▲ 城門隧道架空路段

山上茶花

　　欣賞風景之餘也不忘留意身邊植物。路上最常見的是大頭茶（*Gordonia axillaris*, Hong Kong Gordonia）。白色的花，樣子很美。大頭茶耐風耐旱，

▲▲ 平坦路段

▲▲ 分岔路

在貧瘠和迎風的陡坡上也能成長，所以是常見植物。大頭茶對污染物的耐性也很強，於鋁離子濃度高的地方，大頭茶能吸收鋁質（aluminum, Al），改善受污染的泥土，有其獨特的生態價值。

▲▲ 大頭茶

回程路段

往前走就可以看到一塊方形的大石，在後面又有一個分岔路，往右邊走。再往前走，算是平坦易行，然後就下山。孖指徑的後段又比較多猴子，所以仍要把食物及膠袋收好。

走完孖指徑，再重返麥理浩徑第六段，也就是右邊的馬路，要留意假日可能會比較多車。沿路有一

▲▲ 燒烤場

個燒烤場，這個地點因為離開車站較遠，所以遊人較少。如果於假日來，亦可由此出發，從反方向走，經孖指徑往城門水塘，也不失為一個好選擇。

養生亭

再沿馬路走去，又有一個比較難發現的分岔路，請留意相片，右邊有一條樓梯，走下去就可以了。繼續走下去就會發現一條引水道，沿引水道走就可以。

然後就到了最後一個分岔路。往右走，也差不多到了旅程的尾聲。臨走前可以在這裡休息一下。走下山就是安蔭邨，完成旅程。

▲▲ 分岔路

▲▲ 分岔路

▲▲ 分岔路

▲▲ 養生亭

位置	行程需時	行程距離
新界中	2.5 小時	3 公里

旅程資料

主題	戰時遺跡

路線　城門水塘 ▶ 麥理浩徑第六段 ▶ 孖指徑 ▶ 麥理浩徑第六段 ▶ 安蔭邨

前往方法　於荃灣兆和街乘 82 號小巴往城門水塘。

注意事項　戰時遺跡年代已久，應避免進入，亦不要塗鴉或破壞這些古蹟。

生態價值指數	文化價值指數	難度	風景吸引度
★★	★★	★★★	 ★★★

考考你

1. 能見度低的情況在香港普遍嗎？你認為有什麼方法可以解決？

2. 我們可以怎樣善用城門水塘與孖指徑一帶的戰時遺跡去介紹香港的歷史？

延伸思考

孖指徑沿途可見不少戰時遺跡。這些座落深山的遺跡，已在大自然和遊人的侵蝕破壞下漸漸崩壞；地道部分更因欠缺規劃和失修以致不適合開放給公眾參觀。在強調歷史保育的世代，我們又何曾關注過這些遺跡？

1. 醉酒灣防線在抗日歷史的角色

醉酒灣防線西起醉酒灣（Gin Drinker's Bay，今葵涌一帶），東至西貢牛尾海，是香港抗日時期其中一個主要的設防。從香港海防博物館、歷史博物館和文獻等查找資料，設置碉堡時有什麼需要考慮的因素？試從地理、交通、食物水源等方面說明。醉酒灣防線在對抗日軍的入侵起了什麼作用？為什麼綿綿十數公里的醉酒灣防線最終失守？

2. 香港戰時遺跡

香港多處地方均有第二次世界大戰的遺跡。除孖指徑外，港島鯉魚門、龍虎山和油塘魔鬼山（見《生態悠悠行（增訂版）》〈龍虎山〉和〈油塘—馬游塘〉二文）亦有不同規模的軍事遺跡。本港多處現存建築物和地點亦與日治時期甚有淵源，例如禮賓府、修頓球場、舊灣仔街市、半島酒店等。在博物館、文獻和紀錄片中搜集香港的戰時歷史，並建議如何可以把孖指徑修建為一條「二戰歷史教育徑」，以彌補現在戰時歷史教育的不足。有關建議亦可伸延至香港其餘地點。有關教育徑的設計可以參考海防博物館和自然教育徑的概念。

東平洲
香港東邊的盡頭

　　香港東邊水域的盡頭有一個像被削平了的小島。不，與其說這是一個小島，倒不如把它形容為一隻海上飛碟，或海中的一頂帽子來得更為貼切。只見藍藍的海水一下一下地拍打著這個由層層沉積石疊成的小島，像是要掀開這小島的底蘊似的。

▲▲ 東平洲全景，平平的像一
頂帽子。

　　小島位於香港最東的水域，
面積稍多於一平方公里。島上地勢
平坦，最高點也不過是三十七米，
所以名叫平洲。不過為了跟大嶼山
東南方的坪洲加以區別，所以一般
都叫「東平洲」。小島主要由幼細
的沉積岩所形成，岩石一層層的疊
起來，十分獨特。東平洲的岩石於
五千萬年前形成，在香港的地質史
而言是非常年輕呢！

▲▲ 沉積岩是島上主要的岩石

▲▲ 頁岩

東平洲屬船灣郊野公園的擴建部分，又是地質公園沉積岩園區，而附近的水域則屬海岸公園（marine park），遊覽時一定要注意有關守則，以免破壞環境，或誤墮法網。

海灘珊瑚

▲▲ 珊瑚骨

下船後從碼頭出發，有一個長長的沙灘。這裡不但可以感受到陽光與海灘，還可以遠望東平洲對開海域，享受海天一色和寧靜。東平洲附近的水域生長了許多石珊瑚（hard coral）群落，有不少喜歡浮潛與鍾情珊瑚的發燒友全副武裝的躍進水裡，在水中浮浮沉沉，與各類珊瑚作近距離接觸。石珊瑚是由許多珊瑚蟲（polyp）組成，並擁有以碳酸鈣（calcium carbonate）為主要成分的堅硬骨幹。石珊瑚多生活在水深不多於五米的近岸地帶，好讓珊瑚身上的蟲黃藻（zooxanthella）進行光合作用。本港較常見的品種有十字牡丹珊瑚（*Pavona decussata*）和中華扁腦珊瑚（*Platygyra sinensis*）。

石屋見證了小島的興衰

石屋是以前島上居民的住所，可惜現在已經荒廢了。

古舊石屋

　　離開沙灘繼續前行，有一條林蔭小徑。沿著小徑向前走，一間間荒廢石屋就在眼前。別看東平洲人煙稀少，其實這個小島也有過光輝年代。根據記載，東平洲島上曾有多達二千人居住，他們多數來自鄰近的大鵬灣一帶。那時的人多以捕魚和耕作為生，盛產鮑魚、紫菜，還有花生和番薯等。可惜時移世易，隨著社會的發展，大部分的居民現時都遷出了東平洲。只有在島上開設士多的人假日回到島上服務遊客。

更樓石

　　暫別石屋，沿路前行，不久就會看見標誌著全島最東南方的兩座更樓石。更樓石明顯的層理增加了海浪侵

更樓石

更樓石四周的岩石因抗蝕力低，故被海水侵蝕，形成海蝕平台，而抗蝕力較高的岩石則形成今天的更樓石。

▲▲ 更樓石的形成

▲▲ 更樓石

蝕速度。近海一邊的岩石因海浪侵蝕而變得脆弱，最後崩塌，最後形成更樓石與海邊之間的廣闊岩面——海蝕平台。相反，更樓石面對海浪侵蝕的時間較短，所以仍能屹立下來。

難過水

　　更樓石旁是著名的難過水。
這兒屬東平洲險地之一。眼前所
見盡是懸崖和大海，看似前無去
路，但在潮退時，懸崖與海邊之
間狹小的海蝕平台露出，才可勉
強通過，所以才叫難過水。如果
遇上潮漲時，難過水不能通過，
要另覓小徑繞道。

▲▲ 難過水

龍落水

　　繼續環島前行，便會來到龍落水。這條龍落水比馬屎洲的更大（見本書
〈馬屎洲〉一文）。東平洲的龍落水是一條長百多米、高六十至八十厘米的燧

▲▲ 龍落水的岩層

石（chert）岩層，由山上一直
伸延至大海。燧石粉砂岩因為較
能抵抗海水的風化和侵蝕，所以
可以保留在海邊。相反，岩層旁
抗蝕力較低的岩石因早已被風化
掉，因此便形成眼前的海岸奇觀。

▲▲ 龍落水

龍麟咀

再向西行，就會到達龍麟咀。這裡海浪侵蝕力很強，令岩石日漸向內陸
方向後退。海浪在拍打岩石後能量減低，未能進一步削去岩石頂部，所以形成
岩石底部的海蝕淺洞（notch），但頂部被保留的情況。這個地貌（landform）
遠看有點像龍的嘴巴，故名龍麟咀。

斬頸洲

斬頸洲位處東平洲的最西面，是海蝕柱的典型例子。岩石前端有明顯節
理，所以容易被海浪侵蝕。海水首先侵蝕節理兩端抗蝕力較低的地方，及後

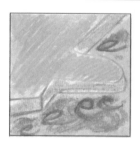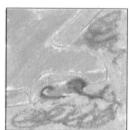

東平洲

斬頸洲

斬頸洲與東平洲主島相連部分因受到海浪侵蝕而失去，最終形成今天的斬頸洲。

▲▲ 斬頸洲的形成

▲▲ 斬頸洲

整段節理部分都被侵蝕掉，並漸漸擴大，最後岩石和東平洲主島分開，形成今日所見的海蝕柱——斬頸洲。

　　東平洲不同位置的自然美是需要用心細看、聆聽和感受的。希望大家在盡情享受島上美景的同時，也能珍惜這兒的天然資源吧！

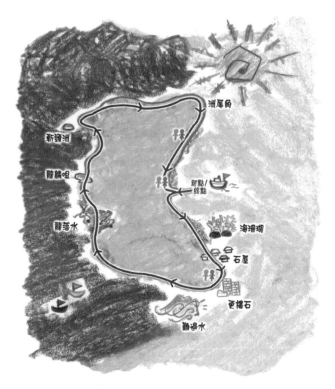

旅程資料	位置 新界東北	行程需時 4 小時	行程距離 4 公里
	主題　　小島風貌及岩岸侵蝕		

路線	海珊瑚 ▶ 石屋 ▶ 更樓石 ▶ 難過水 ▶ 龍落水 ▶ 龍麟咀 ▶ 斬頸洲 ▶ 碼頭
前往方法	於馬料水碼頭乘渡輪前往東平洲，船程約一小時；也可選擇自行租船往返。
注意事項	遊覽難過水時應根據當時潮水情況及個人能力而定。

生態價值指數	文化價值指數	難度	風景吸引度
★★★★★	-	★★★	★★★★★

考考你

1. 遊人絡繹不絕的遊覽東平洲，對這小島構成什麼壓力？
2. 從書本或互聯網上找尋資料，了解東平洲的地質史。你相信東平洲從前是一個湖泊嗎？

延伸思考

東平洲位於香港最東北的水域，遠離市區，交通不便，但這些因素卻有助東平洲的天然和人文面貌歷久不變。東平洲有香港最大規模的頁岩，也有大面積岩池；東平洲的沉積岩中藏著的化石，更把東平洲的歷史告知地質學家。有誰又會想到這小島五千萬年前是一個湖泊？

1. 藤壺如何適應海岸生境

香港的海岸不難找到藤壺（barnacle）這種長有堅硬外殼的生物。與龍蝦、蟹和蜘蛛一樣，藤壺是節肢動物（arthropod）。牠們的外形像小火山，在東平洲海濱的岩石上，也黏附了不少。藤壺把蔓足從「火山口」伸出，撈捕海水中的浮游生物進食。藤壺黏附岩石之上，只需待海水拍打，不愁食物來源，但這樣的生長環境並不安穩。觀察藤壺的生長環境，有什麼因素限制了生物的生存空間？以溫度為例，藤壺如何透過特別的身體構造去適應高溫？這與牠們的白色火山形外殼有關係嗎？藤壺的身體又是怎樣收藏在殼內？藤壺的幼蟲（larva）和成蟲（imago）又扮演著什麼的生態角色？

2. 海岸公園與漁民生計的平衡

海岸公園一方面有效地保育珍貴的海洋生境，促進了珊瑚、中華白海豚等生物的繁衍，另一方面卻限制了捕魚活動。保護海洋環境當然重要，但維持經濟發展亦是可持續發展的一個重要指標。海岸公園的設立是如何平衡環境保育和經濟活動？嘗試接觸一些漁民，他們對海岸公園有何意見？海岸公園成立後對他們的漁獲又有何影響？

海下灣

香港第一個海岸公園

　　由於污水排放、非法捕魚和挖泥填海工程等問題日益嚴重，香港的海洋生態受到嚴重破壞。有見及此，政府劃定了五個海岸公園，分別是海下灣、印洲塘、東平洲（見本書〈東平洲〉一文）、沙洲及龍鼓洲和大小磨刀，以加強對海洋生態的保育。

　　海下灣是香港第一個海岸公園，位處西貢北岸，海灣北向赤門海峽。看看地圖，海下灣形態似袋狀，三面被陸地環抱。這三面的天然屏障令海下灣不受外面的大風浪影響，水質較為優良，為海洋生物提供一個穩定的生境。

海下灣的生態多樣性很高。灣內有逾六十種珊瑚和百多種魚類。近岸一帶更長有很多紅樹,甚具保育價值,所以政府在一九九六年七月五日把海下灣劃為海岸公園。

什麼是珊瑚?

珊瑚是個由成千上萬的珊瑚蟲所組成的群體,屬刺胞動物門(Phylum Cnidaria)。珊瑚蟲以觸手抓捕細小的浮游動物作食物。大部分珊瑚細胞內均有可進行光合作用的蟲黃藻,水質清澈的話,蟲黃藻便較易利用光線進行光

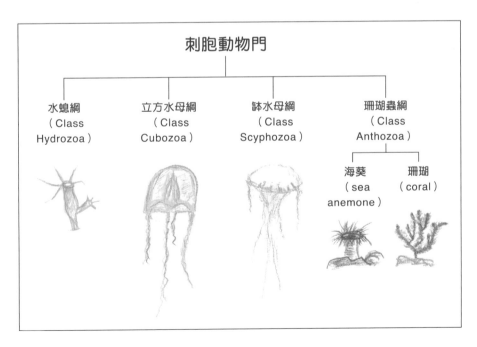

刺胞動物門

水螅綱 (Class Hydrozoa)	立方水母綱 (Class Cubozoa)	缽水母綱 (Class Scyphozoa)	珊瑚蟲綱 (Class Anthozoa)

珊瑚蟲綱下分:
海葵(sea anemone)、珊瑚(coral)

合作用。因此水質對珊瑚的生長是非常重要。珊瑚生長速度緩慢，往往要花上百年才能生長成片狀的礁體，所以要好好保護現存的珊瑚。

▲▲ 水中的魚群

遊覽海下灣時，要緊記海岸公園受《海岸公園條例》保護，嚴禁一切對生態造成破壞的活動。為保護海洋環境和生物，大家切勿亂拋垃圾和污染海水，不可捕捉或騷擾海洋生物。

▲▲ 海星

在西貢市中心乘小巴便可到達海下灣。走一段路後就見到海下灣海岸公園護理員站崗，那兒展出了很多珍貴的海洋生物照片。那裡的職員會於公眾假期的指定時間為遊客提供生態導賞服務，加深遊客對海岸生態的認識。

▲▲ 護理員站崗

經過一間士多，除了可以買到飲品食品外，還可租用水上活動用品。雖然於海岸公園內不可駕駛時速十海里以上的船隻，但一些風帆、獨木舟、潛水、浮潛等活動還是可以的。

石灰窰

路上可見到兩個石灰窰。早在百多年前，海下灣已有人居住，村民利用這裡豐富的珊瑚資源作石灰原料。石灰窰正是當時為製造石灰而堆砌。石灰業是香港最古老的行業之一，海下的村民於一百年前建

▲▲ 石灰窰

造了四個石灰窰。不過隨著行業式微，它們都被廢棄了。直至一九八二年，古物古蹟辦事處把兩個石灰窰重新修葺。你知道香港哪些地方尚存有石灰窰的遺跡嗎？

東風響石

　　海下灣沙灘中央有一堆亂石，最頂的部分有一大石橫放著。大石中央部分懸空，用小石在邊陲的位置敲擊時會發出清脆聲音。相傳多敲擊此石便會

▲▲ 桐花樹

▲▲ 海漆

颳起東風，所以此石又名東風響石。沙灘附近的河口長有不少紅樹。香港共有八種紅樹，此處能找到五種，包括海漆、秋茄、桐花樹、木欖及白骨壤。不同品種的紅樹為野生生物提供了多種生境、繁殖地點和覓食的地方（見《生態悠悠行（增訂版）》〈拉姆薩爾濕地〉一文）。

碼頭和海洋生物中心

再向前行可到達碼頭，可在此盡情欣賞珊瑚美態。海下灣有很多不同品種的珊瑚，如扁腦珊瑚、蜂巢珊瑚、小星珊瑚等。繼續前行可到達海下灣海洋生物中心，中心內設有展覽館、水族箱和海洋生物觸摸池，加

▲▲ 玻璃底船

▲▲ 海洋生物中心

▲▲ 水中隱約可見的珊瑚

深公眾對海洋生物的認識；其他教育設施和實驗室可讓學生進行實地考察。中心還擁有全港首隻玻璃底船，令不諳水性的朋友也有機會探索觀看水底的珊瑚。

▲▲ 西貢灣仔自然教育徑

▲▲ 遠望西貢灣仔

西貢灣仔

▲▲ 營地

如果想繼續走走，可到附近的灣仔。這個地方名字跟港島的灣仔一樣，但有很多露營營地，設備齊全，也是觀星的熱門地點。這個地方曾是採泥區（borrow area），為建築工地和填海工程提供泥土。採泥過程後只剩下岩石，經過長年的生態復修工作，才變成今天的綠樹林蔭的樣貌（見《生態悠悠行（增訂版）》〈大棠自然教育徑〉一文）。留意一下樹木的品種有什麼特別呢？它們都是本地植物嗎？為什麼？灣仔自然教育徑平坦易走，有時間的話可走一圈，然後沿路折返乘小巴回西貢市中心。

▲▲ 海膽殼

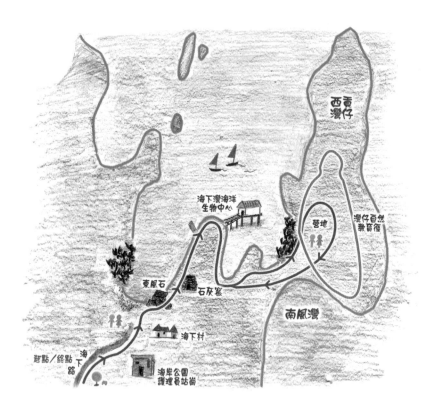

旅程資料	位置 西貢	行程需時 2 小時	行程距離 7.5 公里
	主題　海岸生態		

路線　　海岸公園護理員站崗 ▶ 石灰窰 ▶ 東風響石 ▶ 海洋生物中心 ▶ 西貢灣仔

前往方法　於西貢碼頭乘坐 7 號小巴。

生態價值指數	文化價值指數	難度	風景吸引度
★★★★★	-	★★	★★★

考考你

1. 細心留意岸邊，你找到什麼動物嗎？
2. 海洋看似跟生活很遙遠，我們如何可以從日常生活中保護它？

延伸思考

海下灣孕育了不少珊瑚，是全港珊瑚覆蓋率最高的地點。自二〇〇一年起，海下灣於珊瑚礁普查中都名列前茅，肯定了海下灣在珊瑚保育功能的重要地位。有人比喻水中的珊瑚就像陸上的熱帶雨林，是眾多動物的棲身之所。海下灣極高的珊瑚礁覆蓋率不僅代表海下灣水質良好，也反映了生態多樣性十分高，物種間形成一個緊密的食物網，維持生態系統平衡。

1. 海下灣珊瑚保育

漁護署進行的「香港珊瑚礁普查二〇一九」結果顯示海下灣碼頭的珊瑚覆蓋率高達百分之六十九。在全港八十四種珊瑚中，海下灣可以找到的有七成。你觀察到多少個品種的珊瑚？究竟珊瑚是什麼東西？是動物還是植物？為什麼我們要保育牠們？珊瑚蟲與蟲黃藻又有什麼密切關係？為什麼珊瑚能在海下灣大量繁殖？試從地理位置、水深、水質和保育措施等方面去考究。香港的珊瑚多分佈在哪個方位？這分佈形態與水質有關係嗎？

2. 人類對自然過程的干預

二〇〇六年四月開始，由於底棲短槳蟹（*Thalamita*）數目減少，引致生態失衡，海下灣近串螺角咀一帶的珊瑚被大量繁殖的刺冠海膽（*Diadema*）和核果螺（*Drupella*）侵蝕，珊瑚折斷死亡。當時專家既用化學物質把折斷的珊瑚重新黏合，又同時捕捉這些海膽和螺。有意見指人類應任由生態系統自然發展，不應貿然介入。試以此個案討論人類在生態系統的角色。遇上生物間的自然淘汰過程時，人類應如何定位？在何等情況或條件下才應加以干預？處理此議題時，可從「以人類為中心」、「以環境為中心」和「人與環境互動」的觀點來比較，判別哪種觀點較為合理。

生態欣賞與認識

第四章
長途路線

城門
水塘　非一般的水塘

　　不論是什麼年紀，相信你對城門水塘這地方都不會感到陌生——尤其是那些又饞嘴又大膽的猴子，更令人印象深刻呢！除此之外，城門水塘還是集豐富歷史和生態於一「塘」，是一個值得仔細玩味的好地方。

城門水塘又名銀禧水塘，建於一九二三年，是為紀念英皇佐治五世登基二十五年而命名。自六、七十年代開始，香港政府大力發展新市鎮，市區與郊外的距離不斷縮短，城門水塘遂成為其中一個最近市區的水塘和郊野公園。城門郊野公園設施完備，有燒烤爐、自然教育徑、遊客中心、涼亭等，因此變成了假日旅遊熱點。

▲▲ 燒烤場

人工植林

今天城門水塘景色宜人，被森林所包圍，難以想像第二次世界大戰時，整個山頭的樹木都被砍伐，用作燃料和建築之用。為減低水土流失（soil erosion），並修復郊野的景觀，政府自五十年代起進行大

▲▲ 臺灣相思

▲▲ 恆河猴

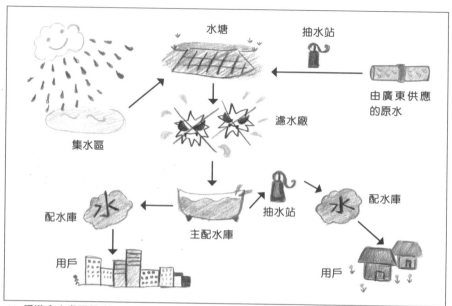

水塘

抽水站

由廣東供應
的原水

集水區

濾水廠

配水庫

配水庫

主配水庫

抽水站

用戶

用戶

▲▲ 香港食水處理程序

▲▲ 白千層的樹幹

規模植林（afforestation）計劃，引進不少外來樹種，如白千層、臺灣相思（*Acacia confusa*, Taiwan Acacia，又名Acacia）、濕地松（愛氏松，*Pinus elliottii*, Slash Pine）等。這些樹木生長速度快，需要的養分少，能夠適應本港酸性較高的土壤。

城門水塘背靠針山和草山，萬里無雲時，甚至可以在水中看到兩山清晰的倒影。可惜近年香港的空氣質素每況愈下，能見度偏低，特別在冬季，天空常常被煙霞籠罩著，灰濛

▲▲ 城門水塘景色

▲▲ 水塘大壩

濛的，了無生氣。讀者們可能心中都有個疑問：香港的工廠絕大多數早在八、九十年代已經遷往內地，為什麼空氣質素仍未見改善呢？

　　下車後沿右方的路走十多分鐘，便到達城門水塘，沿途都見到不少猴子，當中以長尾獼猴（*Macaca fascicularis*, Longtailed macaque）居多。二〇一九年，香港共有一千八百隻猴子，相比一九九四年的六百九十隻，大幅上升了近三倍。這些猴子與人類接觸頻仍，

▲▲ 猴媽媽與小寶寶　　▲▲ 大埔以北地區

▲▲ 大頭茶

對人類已沒有戒心，但我們仍要和牠們保持一定距離，拍照時避免使用閃光燈。沿馬路走即可抵達水塘大壩。天氣晴朗時，可從大壩的左方遠眺獅子山。

針山和草山

過大壩後右轉上斜坡，便會到麥理浩徑第七段的入口。由此拾級而上約數十分鐘，在一個比較開揚的山崗可俯視水塘全景。一路上會看到前方有一條顯而易見的山徑由山腰直達山頂，這便是其中一座有名的山——針山。這座山像不像針實在是見仁見智，不過走起來挺費氣力。秋冬時，沿路可找到一朵朵白色花瓣、黃色花蕊的大頭茶掛在枝頭，色澤鮮明。大頭

▲▲ 一條「大路」通針山

▲▲ 草山在望

茶是本地原生常綠喬木，也是蜜源植物
（nectar plant，見《生態悠悠行（增訂
版）》〈蕉坑〉一文），為蜜蜂、蝴蝶等
昆蟲提供花蜜。

　　沿石階下山，再接水泥路，多走一
小時便抵達草山。在草山之巔可飽覽北
面的大埔新市鎮。可惜這天因風向關係，
珠江三角洲一帶的空氣污染物（如懸浮
粒子等）吹向香港，山下景物被罩在煙塵
中。這情況在秋冬時更見嚴重（見本書
〈烏溪沙〉和《生態悠悠行（增訂版）》
〈油塘─馬游塘〉二文）。

▲▲ 車輪梅

▲▲ 從草山遠眺針山

鉛礦坳

　　跨過草山，沿石階及水泥路走約半小時便抵鉛礦坳，這亦是麥理浩徑第八段的起點，可經大帽山走至新界西北的荃錦公路。由此段開始便走下坡路，輕鬆易走。途中左方有一路口通往城門標本林，內種有超過三百種植物，當中有香港珍貴和受保護的品種，如吊鐘、豬籠草和各種茶花等，是認識本地珍稀植物的好地方。

菠蘿壩自然教育徑

接著多走一小時，便到達菠蘿壩自然教育徑。路徑沿水塘而建，一路上有不少傳意牌介紹沿路特色及菠蘿壩的歷史。城門水塘的現址，其實是昔日城門谷八條村落的舊址，後因建水塘而被搬遷或荒廢，遺址長埋水底，只有

▲▲ 通往城門標本林的路

旱季時水塘水位下降，才有機會一睹僅餘的磚瓦和隱約的梯田痕跡。一路上可留意對岸，大概是水塘的東北方，有一個於一九七五年被政府劃為具特殊科學

價值地點的風水林，面積約六公頃。過去風水林受村民的保護而得以保存下來，現在風水林位於郊野公園深處，令林內物種得以繁衍，林木結構更趨完整成熟（見本書〈風水林？風水•林？〉一文）。

自然教育徑盡頭有一座遊客中心，內裡以大量相片、地圖、立體模型和實物將城門一帶的地理、歷史及郊野公園背景一一展示，看後必會對城門這地方另有一番的體會。

▲▲ 白千層路

▲▲ 菠蘿壩自然教育徑

▲▲ 城門郊野公園遊客中心

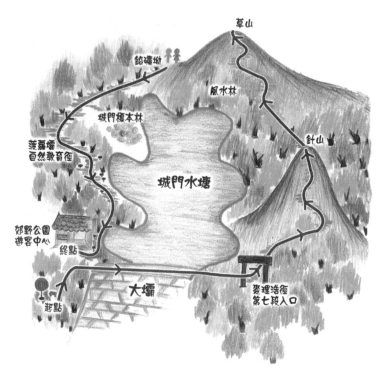

	位置	行程需時	行程距離
旅程資料	新界中	6 小時	11 公里

主題	歷史生態

路線　小巴站 ▶ 城門水塘大壩 ▶ 針山 ▶ 草山 ▶ 鉛礦坳 ▶ 菠蘿壩自然教育徑 ▶ 遊客中心 ▶ 小巴站

前往方法　於荃灣兆和街乘 82 號專線小巴至總站城門水塘。

注意事項　請於出發前準備充足的糧食及食水，途中要注意猴子。

生態價值指數	文化價值指數	難度	風景吸引度
★★★	-	★★★★★	★★★

考考你

1. 你留意到城門水塘有什麼戰時遺跡嗎？
2. 興建大壩與水塘對自然生態有什麼影響？

延伸思考

城門水塘是市民常到的郊遊和康樂地點，也是猴群的一個主要棲息地。遊人和猴子兩者的活動往往發生不少衝突。猴子掠奪食物，也有機會襲擊遊人。在維持生態平衡的同時，市民也當享有一個合適和安全的康樂場地。

1. 猴群的生活習性

到城門水塘觀察猴群的活動，除了覓食以外，牠們還會做什麼？猴群有什麼生活習性？牠們在食物鏈中是擔當什麼角色？猴子是有社會階級觀念的動物，這在牠們的生活中是如何體現的？母猴又是如何哺育幼猴？據漁護署的資料，香港猴群每年的平均增長率為百分之五至八之間，遠較自然的百分之三為高。原因為何？研究時必須注意安全，與猴群保持距離。

2. 針山的植被分佈

登上針山時，可見沿途植被由喬木漸漸轉為灌木和草本植物。撇除人工植林的因素外，有什麼環境因素影響植被演替（succession，見《生態悠悠行（增訂版）》〈春風吹又生〉一文）？研究時不妨從各氣候要素（如日照、氣溫、濕度、風向和風速等）考慮，分析它們對植被的影響。針山有朝一日會發展為森林嗎？為什麼？這解釋了香港至今為何仍然缺少森林嗎？

東涌 ▸▸▸ 大澳 嶼北長征之旅

　　初次遠足的朋友，既希望完成一次長途旅程，又不希望路途太艱辛的話，那東涌至大澳這段路便是最合適的路線了。旅程從東涌港鐵站出發，可在離港鐵站不遠的巴士站乘公共巴士前往逸東邨。但想一嘗長征滋味的讀者，也可選擇放棄乘坐公共巴士，徒步二十分鐘行到位於逸東邨旁的侯王宮。

▲▲ 侯王宮

▲▲ 侯王宮廟頂上的人偶

　　位於逸東邨和東涌灣旁的侯王宮的實際建築年份已不可考。據廟內一銅鐘鑄造年份估計，古廟應建於乾隆三十年（一七六五年）或以前。這間侯王宮是大嶼山侯王廟中最古老的一所。別以為此廟跟其他侯王廟一樣，留意廟頂，從左起的第七位石灣瓷器人偶穿著洋服，反映著當時開始已有洋人文化的入侵。廟內又有一塊「主佃兩相和好永遠照納碑」，記錄了當時東涌佃農（租田耕作的農民）和地主之間一場為時多年的糾紛。最終雙方於乾隆四十二年和解，並於同年立碑以誌。碑上寫有「大奚山」和「東西涌」兩個地方名，分別是今天的大嶼山和東涌。

葉子在哪裡？

沿侯王宮旁的道路走，經過一道橋，東涌灣泥灘就在我們右面〈見本書〈東涌灣〉一文〉。在路的左面，可見到一列木麻黃。遠看這種像馬尾一樣的樹木，像似沒有葉子。可是當你細看每一條

▲▲ 木麻黃

枝條時，你會看到枝條是「綠一黃一綠一黃」的排列著。其實，木麻黃的葉已經退化成鱗片狀的葉，枝條上黃色的地方就是木麻黃的葉子了，而葉子的功能則由綠色的枝條部分取代。

蕨類的紅樹

向前多走一小段有條小溪，小溪有薄氏大彈塗魚（*Boleophthalmus pectinirostris*, Bluespotted mudskipper） 和 粗 腿 綠 眼 招 潮 蟹（*Uca crassipes*）。這兩種動物身上均長有十分容易辨認的特徵。薄氏大彈塗魚背上有帶淺藍色的斑點，牠的身軀較廣東彈塗魚（*Periophthalmus modestus*, Common mudskipper）大。成長的大彈塗魚身長可達二十厘米；粗腿綠眼

招潮蟹則有鮮紅色的甲殼，十分搶眼。在小溪的不遠處有一大片紅樹，這紅樹名叫鹵蕨，是一種屬蕨類的紅樹，葉子可長達一米。鹵蕨既不會開花，更沒有繁殖體，跟其他蕨類植物一樣，只靠孢子繁殖。

▲▲ 鹵蕨

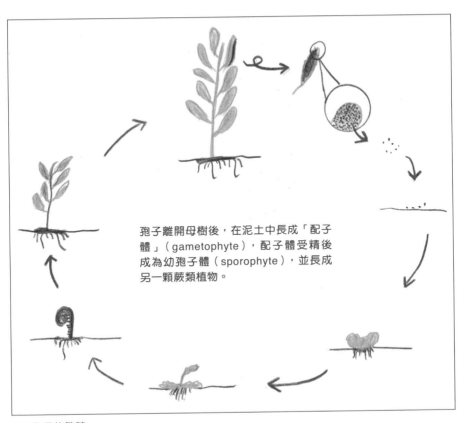

孢子離開母樹後，在泥土中長成「配子體」（gametophyte），配子體受精後成為幼孢子體（sporophyte），並長成另一顆蕨類植物。

▲▲ 孢子的繁殖

沿著路走也會找到本地常見的有毒植物海杧果。如你已到過先前介紹過的地方（例如大蠔）遊覽，那必定對海杧果十分熟悉了。多點認識常見的有毒植物，除了增加旅程樂趣外，亦能保障安全。繼續前進，約二十分鐘

▲▲ 礮頭村

後，就到礤頭村。你可
坐在士多旁的黃皮樹下
稍作休息，呼吸鄉村的
氣息。

猴子的食糧

　　沿著大嶼山的西北
岸走，一路上都有路牌
指示去路。接近相對著機場南端時，遇上了香港五大毒草的另一位成員——
牛眼馬錢（*Strychnos angustiflora*, Narrow-flowered Poisonnut）。每年
六月至十二月果期時，這種藤本植物長滿橙紅的果實。千萬別把它們的果實
當作紅茄啊。牛眼馬錢全株有毒，與海杧果、羊角拗、斷腸草（*Gelsemium
elegans*, Gelsemium，又名 Graceful Jesamine）和曼陀羅合稱五大毒草。
有趣的是，馬錢的毒性對猴子起不了作用。馬錢的果實反而是猴子的主要食
糧呢！可見即使是對人類有害的植物，在生態系統中還是有其角色的。

▲▲ 羊角拗

▲▲ 蠔殼灣

▲▲ 沙螺灣村圍牆

香港名字的發源地

　　中午時分已抵達沙螺灣村。沙螺灣村已有二百多年歷史，村後的林地盛產土沉香（見本書〈常見原生植物〉一文）。據記載，沙螺灣村從前出口大量以土沉香製成的「香粉」，香港之名因此而來。沙螺灣至今沒有車路接通，故可以保留著優美的自然環境。可惜機場近在咫尺，今天伴隨著午膳的是鐵鳥的聲浪，港珠澳大橋亦橫跨沙螺灣海面，眼前這鄉村景象恐怕將有一番改變。不知村民對此有何意見呢？

▲▲ 路牌

　　這次長途旅程到這裡才完成了三分一，繼續向著深屈灣前進。一路上看著山間小屋與農地，幻想自己能在這裡居住，過著簡樸的生活，多麼寫

▲▲ 深屈灣

263

▲▲ 老鼠簕的花朵

▲▲ 黃槿

意呀！深屈灣有另一個紅樹林。季節合適的話還可以看到老鼠簕開出美麗的紫白色花朵呢！

嶼北界碑

繞著象山山腰前進，水鄉大澳已在眼前。夕陽映襯下，海面泛起了金光。望著漁船歸航，別有一番風味。接近大澳時，不妨走上象山，

▲▲ 嶼北界碑

一看甚具歷史價值的嶼北界碑。此界碑由英國海軍少校力奇（R.N. Leake）及林保號（Bramble）船員於一九〇二年豎立，標誌英國於一八九八年向中國租借新界的界線。這面界碑在山麓上屹立了超過一百年，見證著香港的發展。在大嶼山南面的狗嶺涌亦設有嶼南界碑，與嶼北界碑座落於同一經線（longitude）上（見本書〈分流〉一文）。百多年前還未有全球定位系統，能夠精準地把兩塊界碑放在同一經線上，實在是了不起的事。

十三公里長的旅程在大澳完結。有時間的話，不妨先在大澳走一走，或在大壆上欣賞日落美景（見本書〈大澳〉一文）。從東涌走到大澳，終究也不是什麼困難的事吧！

🔺 大澳風光

🔺 大澳的日落

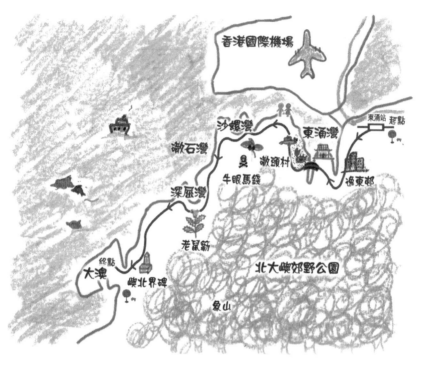

旅程資料	位置 大嶼山西北	行程需時 5 小時	行程距離 13 公里
	主題　歷史生態		

路線　　東涌 ▶ 侯王宮 ▶ 礮頭村 ▶ 沙螺灣 ▶ 深屈村 ▶ 嶼北界碑 ▶ 大澳

前往方法　出發時從東涌港鐵站乘巴士或徒步往逸東邨。
　　　　　離開時在大澳乘坐 11 號巴士返回東涌。

注意事項　請於出發前準備充足的糧食及食水。

生態價值指數	文化價值指數	難度	風景吸引度
★★	★	★★★★	★★★

考考你

1. 在地上拾起一條木麻黃的枝條，你看到葉子嗎？
2. 蹲下細心觀察，你見到彈塗魚與招潮蟹在做什麼？
3. 你認為港珠澳大橋如何帶動北大嶼山的發展？

延伸思考

往大澳的路途上可欣賞大嶼山西北岸的景色，也經過礮頭、沙螺灣、深屈灣等具高生態價值地點。在港珠澳大橋建成後，這一帶的景觀大大改變。如何保護大嶼山西北岸豐富的生態和人文資源肯定是未來的保育焦點。

1. 鱟的保育

東涌灣西面的鄉村礮頭是一條具四百年歷史的古村。礮頭在一九九四年被劃定為具特殊科學價值地點，是一個重要的動植物棲息地，尤其是鱟。鱟又稱馬蹄蟹，牠們早在四億五千萬年前已經存在於地球上，比恐龍還要早（見本書〈活化石——鱟〉一文）。牠們的形態至今都沒有很大的轉變，所以有活化石的美譽。近三十年，因生境破壞、環境污染和過量捕捉，本地鱟的數目已急降逾九成。鱟在香港已十分罕見，這與牠們的成長週期有關嗎？鱟要花多少年才能成長至生理成熟並進行繁殖？香港城市大學生物及化學系於二〇〇四年開始調查鱟的分佈和進行人工繁殖，有關研究對探討鱟在香港遭受的威脅有很大啟示。

2. 珠江三角洲經濟發展

珠江河口把珠江三角洲（珠三角）東西兩岸分割，河口兩地的交通一直只依賴海路。但海路運輸時間長，運輸網絡也受河道限制，不及陸路方便。試考察珠海、中山、江門等地的工業，了解它們的主要出口貨品和市場，分析港珠澳大橋對它們的影響。港珠澳大橋的作用是促進珠三角西面城市的工業出口，抑或反而把東面城鎮（如深圳、惠州）的市場伸延到西面，加劇競爭？研究亦可以農產品作個案研究。農產品講求新鮮的特性局限了出口地跟香港的距離。港珠澳大橋把時間距離縮短，增加珠三角西面農產品出口到香港的可能性。你認為港珠澳大橋能為珠三角帶來翻天覆地的改變嗎？如果日後珠三角有更多工業活動，又會對空氣和水質有什麼影響？

荔枝窩
蘊藏生態價值的客家村落

　　每個地方皆有其文化，香港也不例外。作為這個彈丸之地的一分子，你對香港的歷史又有多少認識呢？到荔枝窩走一趟，一窺香港的客家村落，順道還可欣賞印洲塘海岸公園的山水美景和罕見紅樹——銀葉樹呢！

　　荔枝窩位於新界東北，屬船灣郊野公園和地質公園範圍，東北面連接印洲塘海岸公園。荔枝窩於二〇〇五年三月十五日被劃為特別地區。荔枝窩位

置偏遠，循陸路可從烏蛟騰起步，走兩個多小時；假日時亦可選擇從馬料水碼頭經海路前往。從烏蛟騰出發的話，要留意下車後的洗手間是抵達荔枝窩前唯一的「方便」之所。

▲▲ 烏蛟騰小巴站

九擔租

▲▲ 九擔租

走不到十分鐘，左邊有一列樓高兩層的空置村屋，外觀尚算完整，此村叫九擔租。務農難以維持生計，村民早已遷出，現只剩下隱約可見的農地。再往前走，不久便會看到一些矮柱，左邊的路徑往吊燈籠，右面的是往荔枝窩。細心留意，沿路可找到一種香港郊野常見的蕨類植物——鐵芒萁（*Dicranopteris linearis*, Linear Forked Fern）。鐵芒萁喜歡生長在陽光充足、風力較弱的地方，所以每當看見一大片鐵芒萁，即表示該地長時間受

▲▲ 鐵芒萁

▲▲ 九擔租

▲▲ 矮柱

▲▲ 沿踏腳石過河

到日照。在叢林樹蔭下，反而找不到鐵芒萁的蹤跡。一路上，不時聽到流水聲和雀鳥清脆的叫聲，感覺身心舒暢。

從前新界東北住了不少由中國內地遷居而至的客家人，特別是烏蛟騰、荔枝窩一帶，當時村與村之間的來往便是依靠古道，如雙苗古道（上下苗田至烏蛟騰）、苗三古道（上下苗田至三椏涌）及旅程後段的媽騰古道（亞媽笏至烏蛟騰）。古道主要是由石板鋪成，經過時間的洗禮，古道有點破落。踏在古道上，可以想像昔日古道對物資運輸和村民出入的重要性。

▲▲ 下苗田廢村

▲▲ 小溪

三椏涌

　　一路靠左走，經過上下苗田數間荒廢已久的村屋後，不消半小時，便到達三椏涌。「涌」

▲▲ 不同種類的沉積岩

▲▲ 三椏涌石碑

——意指河流。香港有不少地方都以「涌」名命，如北潭涌、大潭涌、馬灣涌、東涌等（見本書〈北潭涌〉和〈東涌一大澳〉二文）。昔日教育不太普及，又沒有地圖，村民多以地貌特徵為地方命名，以便溝通。三椏涌近犁頭石一帶確是三條河流的匯合之處。三椏涌連接印洲塘，屬鹹淡水交界，所以這裡有不少紅樹，如海欖

▲▲ 紅樹林遠景

▲▲ 海欖雌

▲▲ 三椏涌

雌、秋茄和鬯蕨等。同時，我們還可盡覽有「小桂林」之稱的印洲塘。三椏涌位置偏僻，人為影響甚少，風景秀麗，特別能夠讓人享受大自然的靜謐與和諧。

三椏村

除荔枝窩外，三椏村是另一個可提供午膳的地方。但村內餐館通常只於假日營業，宜準備充足乾糧以備不時之需。這裡有一個建於六十年代的小碼

▲▲ 三椏村碼頭

▲▲ 三椏村

▲▲ 三椏村碼頭石碑

頭。當時舊碼頭損壞,村民每次需「涉水百登岸」,
加上維修費用昂貴,村民難以負擔,理民府(現在的
民政事務署)於是「補助英泥石屎木材」。村民亦向
鄉親父老及在外埠工作者籌集費用,新碼頭最終於
一九六三年順利落成。

荔枝窩

近年荔枝窩成為郊遊熱點,當局於荔枝窩沿岸小徑豎立不少傳意牌介
紹當地的生態環境。荔枝窩位置偏僻,但仍然能吸引遊人,主因是當地有香

▲▲ 魚藤

▲▲ 銀葉樹果實

▲▲ 通心樹　　　　▲▲ 銀葉樹

港罕見的銀葉樹林、縱橫交錯的白花魚藤（*Derris alborubra*, White-flowered Derris）和通心樹。

　　這些獨特的生態景觀需要很長時間才可以建立起來，尤其是白花魚藤，早在一九〇四年已有文獻記錄，至今已有上百歲。二〇一六年，當局在這古樹林進行步道改善工程，方便遊人參觀。但施工範圍接近這些珍貴植物，有機會破壞它們；再者，設置改善後會否吸引更多遊客前來、引起更多環境問

▲▲ 荔枝窩村

昔日村民篤信風水，特意保留村後樹林。風水林對於村民起了屏障之用，可以
緩和日曬和強風吹襲，更可以抓緊泥土，防止山泥傾瀉。

▲▲ 風水林與農村的關係

題，又是未知之數。生態旅遊就是充斥著這樣的矛盾——讓更多遊人到訪認識
生態，增加他們的保育意識？還是控制人數，減少對生態的破壞？規範遊客必
須由生態導賞員帶領下方可進入某些生態敏感地帶是平衡上述矛盾的方法嗎？

　　荔枝窩村是個典型的客家村落，背山（攀背頂、老虎石頂）面海（吉澳
海），村後有茂密樹林，正是昔日村民刻意保留下來的風水林，目的是保持村
中財氣和人丁旺盛。村落選址正好反映出村民對風水的重視，也令這片樹林

逃過被砍伐或破壞的厄運，對保存香港僅有的原生樹林及其生態系統有莫大貢獻（見本書〈大蠔〉一文）。中國的所謂風水，還不是西方科學所說的環境科學嗎？

▲▲ 樟

第二次世界大戰時缺少燃料，香港大量樹林被砍伐，故現今絕大部分的郊野都是次生樹林和人工種植的樹林，餘下則是百多公頃、佔本港陸地面積不多於百分之零點一的原生風水林。風水林面積雖微不足道，卻是六百多種植物的繁殖地，佔全港植物品種的百分之二十六，數量之多實在令人驚嘆。風水林得到村民的看顧和保護，從中可找到不少原生植物，如樟樹（*Cinnamomum camphora*, Camphor Tree）、假蘋婆（*Sterculia lanceolata*, Lance-leaved Sterculia）、鵝掌柴（鴨腳木，*Schefflera heptaphylla*, Ivy Tree）、烏桕（*Sapium sebiferum*, Chinese Tallow Tree）、木荷（*Schima superba*, Chinese Gugertree）、裂斗錐栗（*Castanopsis fissa*, Castanopsis）等。

▲▲ 鵝掌柴

雖然香港位於亞熱帶地區，一些熱帶雨林的生境現象亦可在風水林這成熟的生態系統中找到，例如林內植物層次分明，高達二十多米的喬木形成風水林的頂層，其次是高十五米多的喬木，接著是灌木層，最後是近地面的草本和地被植物。在樹幹上亦可見到苔蘚和攀援植物的足跡。風水林多樣化的生境亦吸引了不同種類的雀鳥和昆蟲在此棲息覓食。（見本書〈風水林？風水 • 林？〉一文）。

▲▲ 遙望村後的風水林

　　昔日無論是香港哪條鄉村，村民都篤信風水，風水林因而逃過了破壞。但隨著社會發展，年輕一輩的村民對風水林的重視減少，有的甚至為了利益而破壞風水林。可幸的是荔枝窩村後的風水林至今仍得到村民齊心保護。如果有空到這風水林一趟，必定能感受到傳統智慧是如何天衣無縫地與自然環境融合！

　　遊畢荔枝窩，沿山徑和小徑走個多小時，抵達分水凹前有一段長梯級，接著沿石碑旁的梯級往上走，不久便會看到一小路交界，有興趣者可往上走到山火瞭望台，遠眺沙頭角及深圳一帶的景色，如梧桐山和鹽田港；又或可直接下山，不消半小時便回到烏蛟騰小巴總站。

荔枝窩碼頭

荔枝窩

印洲塘海岸公園

魚塘

牛屎湖灣

銀葉樹與白花魚藤

三椏村

碼頭

村屋與風水林

三椏灣

撈魚咀

分水凹

白骨壤

亞媽笏

起點/終點

九擔租

三椏涌

烏蛟騰

鐵芒萁

上苗田　下苗田

旅程資料

位置	行程需時	行程距離
新界東北	6.5 小時	13 公里

主題　生態文化

路線　烏蛟騰 ▶ 九擔租 ▶ 上苗田 ▶ 下苗田 ▶ 三椏涌 ▶ 荔枝窩 ▶ 分水凹 ▶ 亞媽笏 ▶ 烏蛟騰

前往方法　在大埔墟港鐵站乘 20C 綠色專線小巴至總站烏蛟騰。

注意事項　請於出發前準備充足的糧食及食水。

生態價值指數	文化價值指數	難度	風景吸引度
★★★★★	★★	★★★★★	★★★★★

考考你

1. 白花魚藤正面對什麼的生存威脅？
2. 如何透過生態旅遊平衡康樂、學習和經濟發展？

延伸思考

荔枝窩既有風水林生境，也有罕見的百年魚藤，和中空但生命力頑強的「通心樹」，極具生態、科研和觀賞價值。隨著生態旅遊日漸普及，這些寶藏被更多遊人發掘。一些遊人肆意在銀葉樹林和魚藤間遊玩嬉戲，破壞了珍貴的生境。

1. 風水林的林木分層結構

荔枝窩風水林有清楚的林木分層結構嗎？試分辨生長在不同分層的植物，它們有一些相近的生理形態和結構嗎？在大埔滘（見本書〈大埔滘〉一文）也進行類似的研究，荔枝窩風水林的分層結構與大埔滘的有什麼異同？

2. 風水與環境科學

有說風水為「不嚴謹的環境科學」，有根據嗎？風水學在某程度上與西方科學一致嗎？試以風水林作一個案研究，從生長位置、生態系統、村民的保育措施等，解釋村民透過保育風水林以改善環境是否有其科學根據。漁護署和學者均對風水林進行了很多研究，可參考他們的刊物和報告。

荔枝窩

赤徑
景色美絕的遠足徑

　　旅程以麥理浩徑第二段為主線，沿途幾近無樹蔭遮擋，多為水泥路。此路線較為費力難行，但景色怡人，所以遊人亦絡繹不絕。喜歡漫步沙灘的朋友可不要錯過是次旅程！行程途經西灣、鹹田灣和大灣三個沙灘，這些都是水清沙幼、污染較少的海灣。從西灣亭出發，沿路邊走邊看全港儲水量最大的水塘——萬宜水庫——的景色，約一小時到達西灣。

▲▲ 萬宜水庫

▲▲ 遠望西灣

▲▲ 大洲（左）和尖洲（右）

大浪西灣

　　西灣、鹹田灣、大灣、東灣合稱「四灣」，全都是面向東面海域，海風海浪強勁，配以大浪灣之名真是實至名歸。西灣是大浪西灣的別稱，其海岸線很長，而且物種豐富，很受研究生態的人士歡迎。此處地勢平坦，也是露營和觀星熱點。西灣

▲▲ 吊鐘

▲ 西灣一景

▲ 海蝕洞

沙灘中間有一岩咀分隔，把沙灘分成南北兩灘。北邊的河涌正是有名的雙鹿石澗的下游出口，是夏季時另一郊遊熱門地點。不過遊覽雙鹿石澗需要更多裝備和技術，不宜即興前往。

鹹田灣

翻過一個小山崗抵達鹹田灣。鹹田灣位於西灣和大灣之間，水清沙幼，沙灘上有不少漂亮的貝殼和海星呢！走過著名的獨木橋，向大浪村走。

這裡的獨木橋橫跨了一個潟湖（lagoon），

▲ 鹹田灣

甚有特色。潟湖是河流和海岸交界的地形（landform）。海浪中的搬運物與海岸平衡移動，是為順岸漂移（longshore drift）。水中的搬運物沉積下來形成沙咀（spit）和灣內沙洲（bay-bar）。由沙咀和灣內沙洲部分或完全封閉的湖稱為潟湖。這個小潟湖的形態隨河水流量、搬運物多寡而大小不定，每次重遊都有一番新景象。

▲▲ 木橋

沿西灣、鹹田灣、赤徑而行，都能看到很多由當地村民開設的士多，售賣汽水小食，所以補給方面絕不成問題。這些士多還會售賣涼茶、豆腐花等，都是消暑解熱良品。大家可在茶座邊欣賞沙灘美景，邊吃喝休息。填飽肚子後再繼續行程。依鹹田灣士多

▲▲ 士多

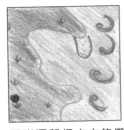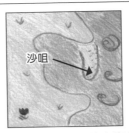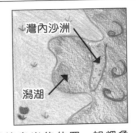

沙咀

灣內沙洲

潟湖

順岸漂移把水中的搬運物（如沙泥）堆積在海岸線突出的位置，如岬角（headland），日久形成沙咀。把河口兩端岬角連起來的沙咀叫灣內沙洲。沙咀和灣內沙洲內的湖叫潟湖。

▲▲ 鹹田灣潟湖的形成

▲▲ 村口

後的小路而行，很快便可到達大浪村。大浪村歷史悠久，該村原為一客家村落，背後有一風水林，其中有很多老樹，讓我們了解香港自然植被的原貌（見本書〈荔枝窩〉和〈風水林？風水‧林？〉二文）。

大浪坳

　　經過大浪村後向大浪坳進發，開始走上坡，是比較辛苦的一段。大浪坳是蚺蛇坳與大蚊山之間的一個山坳，在麥理浩徑有小徑通往兩地。蚺蛇尖乃香港著名山峰之一，不過登上蚺蛇尖的路十分陡峭危險，只適合遠足經驗豐富和裝備充足的人士前往。遠足人士如想挑戰一下自己，大可從此路口攀上蚺蛇尖，欣賞西貢之尖和大浪灣的美景。

▲▲ 蚺蛇尖

香港天氣潮濕酷熱，草木生長茂盛，很多苔蘚類、蕨類和攀爬植物都喜愛在陰暗潮濕的樹幹和石頭上生長，鋪地蜈蚣就是其中之一。鋪地蜈蚣是常見的原生蕨類植物，屬石松科。它的枝葉呈二列狀，柔軟幼細，因狀似蜈蚣而得名。

▲▲ 鋪地蜈蚣

山大刀（九節，*Psychotria asiatica*，Wild Coffee，又名 Red Psychotria）是本港另一常見原生植物，屬茜草科，因其枝條具有很多明顯的節，故又名九節。山大刀是常綠灌木，葉呈長橢圓形，花白色或淺綠色；果實是球形漿質核果，成熟時呈紅色。山大刀和鋪地蜈蚣的葉都有藥用價值，真的是既有外表亦有內涵呢！

▲▲ 山大刀

▲▲ 赤徑村

赤徑

赤徑口位處海灣之內，三面環山，風浪平靜，岸邊更遍佈紅樹，景色如畫，還有燒烤場、露營營地等設施供人使用。

赤徑村內許多房屋已經荒廢破落，我們在其中一間見到一個風櫃（grain selection apparatus）。以前的農民把一束束收割好的稻穗放進風櫃進行

▲▲ 風櫃

打穀。只要用手攪動，一粒粒的稻米就會從稻穗掉出來。時移世易，自動化打穀機比手動風櫃更省時省力，舊式風櫃也就被淘汰了。隨著科技進步，農業機械化越來越常見，不只是風櫃，灌溉、翻土、施肥、收割等過程也有專門機械協助。農村對人力的需求大大減少。村中年輕人不用再參與農務，轉而前往市區尋找工作機會。鄉村人口減少，只留下老人在村中，村落中的設施和房舍也漸漸破落，呈現鄉村衰落（rural decay）的現象。

這些荒廢古村看似毫無價值，但如果用來發展生態旅遊的話，卻極具潛力。現時一些村落已有村民經營士多，只要把破落房舍翻新成為民宿，屆時食住俱備，可為遊客提供獨特的鄉村體驗。這樣的做法正好體現了生態旅遊中既保育當地文化，又推動當地經濟的目標。村民的生活得以保障，傳統的建築和文化又得以保留。不過，這種改動在缺乏彈性的土地用途規劃政策下，恐怕是紙上談兵。

旅程在北潭凹完結，可乘巴士返回市區。

▲▲ 荒廢村屋

黃石

赤徑口沙灘
紅樹林
赤徑
鋪地蜈蚣

蚺蛇尖

大浪坳
大浪村
獨木橋

東灣
大灣
鹹田灣

北潭凹
終點

西貢東郊野公園

雙鹿
石澗
鹿湖

西灣亭
起點

西灣

	位置	行程需時	行程距離
旅程資料	西貢	4 小時	12 公里
	主題　自然景觀		

路線　西灣亭 ▶ 西灣 ▶ 鹹田灣 ▶ 大浪坳 ▶ 赤徑 ▶ 北潭凹

前往方法　於西貢親民街乘 29R 專線小巴直達西灣亭。

生態價值指數	文化價值指數	難度	風景吸引度
★★	★	★★★★★	★★★★★

考考你

1. 沿途三個沙灘在位置上有什麼共通點？為什麼？
2. 經過不少荒廢村屋，你想到可以如何善用這些村屋去推動生態旅遊嗎？

延伸思考

由萬宜水庫北岸出發，沿途欣賞這個以「圍海成湖」方法建造的水塘。經過西貢半島東面一系列經強風大浪侵蝕而成的海灣，見證大自然的力量。赤徑附近的土瓜坪亦是重要濕地，孕育著多個紅樹品種，包括罕見的銀葉樹。在土瓜坪泥灘潮退水淺時，更可清楚觀察在水中覓食的海星。

1. 棄耕農地的生態演替過程

細心觀察赤徑村的荒廢村屋，可見村民遺下的風櫃和農具，證明農業曾是村民的主要經濟活動。今天村民不再耕作，荒廢耕地被動植物所取回，並發展為林地生態系統。試在赤徑找尋昔日的農田，並指出荒廢農地是如何發展為茂密林地。當中所經歷的演替過程又是怎樣的？歷時多久？從歷史記載或村民口中可知道棄耕農地的年份嗎？在棄耕農地上出現的演替與其他的演替過程有沒有顯著分別？

2. 香港的水資源

香港三面環海、全年降雨量超過二千毫米；加上地勢起伏，形成眾多河流，水源供應絕不缺乏。可是在眾多水源中，可供安全飲用的只佔少數。試採集海水、不同河段的河水（上、中、下游）、雨水、食水、白開水和蒸餾水等的水質樣本，量度酸鹼度（pH value）、混濁度（turbidity）和溶解氧（dissolved oxygen）含量。有哪些水質樣本是適合直接飲用？為什麼？如研究設備許可，應同時量度水中的大腸桿菌等細菌數量，以便更進一步評估水質。食水在流走後又被蒸發，凝結（condensation）後再成雨水，無窮無盡，那為什麼我們要珍惜食水呢？從以上的實驗你找到答案嗎？

分流

香港極地

圍繞大嶼山的話題總是主題樂園、港珠澳大橋和機場第三跑道。大嶼山其實還有好幾個著名景點，美景絕不遜於人工化的亭台樓閣。分流便是其中之一。

從東涌港鐵站乘巴士到石壁水塘，下車後向石壁水塘方向遙望，可見天壇大佛。沿水壩向前走，便到達大嶼山郊野公園入口，旅程亦正式展開。

▲▲ 鵝掌柴

前面的路平坦易行，兩旁樹木林立，雀鳥之聲不絕。沿路的鵝掌柴已經結果。鵝掌柴樹枝比較堅韌，不易折斷，遂成為製造火柴的原料。它也會在冬天開花結果，成為蝴蝶、蜜蜂及雀鳥的主要糧食，是生態系統中不可或缺的一員。

狗嶺涌

繼續向前走，右面有引水道，左面有密密麻麻的樹林。好不容易來到往狗嶺涌營地的分岔路，稍作休息，便沿此分岔路往嶼南界碑。往界碑的路不但崎嶇狹窄，而且更有懸崖峭壁，不要分心！不過這裡的風景可要壯麗得多：

▲▲ 沿車路往分流

 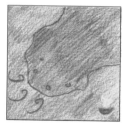 

岬角

沿岸抗蝕力較低的岩石受海浪侵蝕，向內陸凹入；抗蝕力較高的岩石則形成岬角。

▲▲ 岬角的形成

▲▲ 往界碑的路

▲▲ 轉左往嶼南界碑

雄壯的浪濤聲、一望無際的海洋，我們彷彿置身於天涯海角。我們的位置正在大嶼山西南角，只要多走一段路便抵達分流。

嶼南界碑

　　拾級而下，終於看見嶼南界碑。此碑石於一九〇二年由英軍豎立，距今已有百年歷史。碑上以中英文標明香港南面界線的位置。細看此碑文，心中不禁慨嘆歲月飛逝，也不禁想像一下百多年前一群英軍如何合力把這碑石安放到這裡（見本書〈東涌─大澳〉一文）。

　　拾級而上到狗嶺涌觀景台，於觀景台稍作休息後，便繼續旅程。水泥路一段路程較為沉悶，我們選擇沿山徑經狗嶺涌營地到分流。往分流的道路像棧道一樣，右面是山坡，左面是海洋，實在有點驚險。

▲▲ 嶼南界碑

分流東灣

　　來到分岔路，右路直接往分流村，往左走經分流東灣到分流炮台。東灣是

▲▲ 分流東灣

▲▲ 狗嶺涌營地

個水清沙幼的海灘，像個世外桃源！走過東灣，再沿山路上炮台。

▲▲ 分岔路，右路直接往分流村，左面下山的路通往分流東灣。

▲▲ 分流東灣

分流村
天后廟
石圓環
分流炮台
分流東灣

▲▲ 從飛機上拍攝分流

▲▲ 分流炮台

分流炮台

　　分流炮台又名分流古堡，位於分流南面的山頭上。分流位處珠江口，是對外貿易船隻往來珠江流域一帶的必經之路，故清政府於雍正七年（一七二九年）興建此炮台，用以鎮守此貿易要道，防止海盜為患。此炮台曾遭海盜佔據，招降始還。分流炮台於一八九八年新界租借予英國後開始荒廢，政府於一九八一年把它列為法定古蹟，並加以保護。

▲▲ 石圓環

石圓環

再往前走，有路牌指示前往石圓環。石圓環約於石器時代堆砌，估計用作祭祀之用。但由於年代已久，確實的功用已不可考。再向前走到分岔路：轉右回到炮台，轉左往分流村。前往分流村的路上可遠眺天后廟，之後便會進入分流村。分流又名「汾流」，幾十年前最興旺的時候有數百人聚居。村裡有不少具歷史價值的建築和工具，如石磨等。

▲▲ 往二澳的指示牌

▲▲ 天后廟

在分流西灣會看到往二澳的指示牌。一路向前走，突然聽到一聲慘叫，原來友人被刺傷了。哪裡來的刺客？刺葵（*Phoenix hanceana*, Spiny Date Palm）是也。刺葵屬棕櫚科植物，有羽狀複葉，葉長而扁平，葉尖收窄成針狀，儼如一枝硬刺，經過時要特別小心。

▲▲ 刺葵

二澳

二澳村前有一斑茅（*Saccharum arundinaceum*, Reed-like Sugarcane）林，林高約三米，猶如一條隧道，予人一種探險的氣氛。經過二澳，再過水澇漕、牙鷹角及南涌村，大澳就在眼前。在大澳品嚐茶果和豆腐花後，「世外桃源」分流之旅也就結束了（見本書〈大澳〉一文）。

▲▲ 斑茅林

▲▲ 二澳石灘

	位置	行程需時	行程距離
	大嶼山西南	7 小時	14 公里
旅程資料	主題　　鄉土風情		

路線　　石壁水塘 ▶ 嶼南界碑 ▶ 狗嶺涌 ▶ 分流炮台 ▶ 分流村 ▶ 大澳

前往方法　　於東涌港鐵站乘 11 號巴士，在石壁水塘東站下車。

注意事項　　路程遙遠，需要大量體力，有興趣前往者應準備充足及在早上出發。

生態價值指數	文化價值指數	難度	風景吸引度
★★★	★	★★★★★	★★★★★

1. 為什麼鄉村沿海地方多建有天后廟？
2. 分流從什麼時代開始已經是貿易的重要口岸？
3. 大嶼山共有多少塊界碑？它們又在哪裡？

考考你

延伸思考

香港有很多不同規模的天后廟，除本書所提及的，亦在《生態悠悠行（增訂版）》多條生態路線中出現，包括鹿頸、塔門、南丫島、錦田、坪洲、釣魚翁等。在銅鑼灣、土瓜灣、油麻地等市區亦建有天后廟。這些天后廟大多歷史悠久，蘊藏著一段重要的本地宗教和經濟發展史。

1. 天后廟的分佈

利用地理資訊系統或地圖，把全港天后廟的位置標示在地圖上。你看到天后廟的分佈有一定的模式嗎？天后（媽祖）的歷史沿革為何？為什麼天后廟在香港是如此普遍？除香港以外，澳門、中國內地和東南亞國家有供奉天后的習俗嗎？為什麼？本地部分的廟宇資料可向華人廟宇委員會查詢。

2. 先民石刻的分佈

香港有不少石刻散佈在各處，例如長洲、蒲台島、大浪灣（見《生態悠悠行（增訂版）》〈蒲台島〉和〈石澳—大浪灣〉二文）、黃竹坑等地。當中最早的可追溯至青銅器時代（bronze age）。試利用石刻、出土石器、祭台、墓穴等與先民有關的遺跡文物，推算香港先民的活動範圍。他們當時主要有什麼活動？有關本地先民的部分資料可在香港歷史博物館找到。

生態欣賞與認識

第五章
生態點滴

大腳板——你踏足的土地有多少公頃？

你是否正在悠閒地看書呢？不如花五秒的時間留意一下身邊的事物，再想想它們是從何而來的？

不論是你坐著的椅子、你正在看的書，甚至是你身邊的電子

▲▲ 書房

▲▲ 農地

產品,都是地球的天然資源。木材、紙張、電子零件,全部都是從大自然得來;甚至生產電力的原料也是取於自然。每個生活在地球上的人都佔用了一塊土地,而這片土地卻遠遠超越了你雙腳所踏著的面積呢!這塊土地叫「生態足印」(ecological footprint)。

生態足印是計算天然資源消耗量的一個綜合指標。要計算自己的生態足印,可以將衣食住行所耗用的資源量化為地球可供生產之土地(biologically productive land)。這些土地包括耕地、牧場、森林、海洋、建成地及用於吸收碳排放的森林,以公頃(hectare)為單位(一公頃為一萬平方米)。

現時地球可承受的人均生態足印是一點七公頃,而香港人均生態足印是七公頃!這表示了我們生活所耗用的食物、食水、能源等已超越了地球所能承受的水平,這種情況往往出現在已發展國家:美國的人均生態足印是九點四公頃,澳洲是七點八公頃,而加拿大是七點一公頃。地球的資源有限,取用多於平均的資源意味著我們正在耗用應屬別人的資源,並透支我們子孫應有的額份,也霸佔了野生動植物的生存空間。長此下去,地球資源將不足以維持我們的生活。

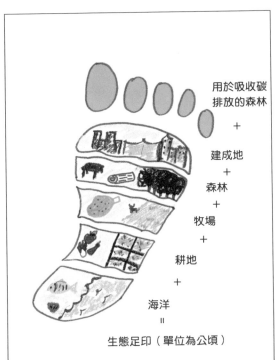

用於吸收碳排放的森林
+
建成地
+
森林
+
牧場
+
耕地
+
海洋
=
生態足印(單位為公頃)

▲▲ 生態足印計算方法

▲▲ 分類回收箱

▲▲ 節約能源

為使地球得以可持續發展，我們的生活模式是時候改變，讓現在和將來的人都能夠得到公平的資源分配。大家可以從節約資源做起。離開房間關掉所有電器；多吃素食也有助節約資源，因為飼養禽畜的國家往往要砍伐林地（deforestation）來開闢牧場，所以吃肉會間接增加生態足印。其實只要從生活小節出發，多做一些愛護環境的事，不要浪費食物、多購買本地食材、節約能源、進行分類回收，地球就更加健康。

參考資料

生態旅遊有助參加者認識大自然和提高保育意識。特別在大埔滘可了解森林的生態角色；在東涌灣可了解泥灘和紅樹林的重要性；在尖鼻咀、塱原和水浪窩（後二者的介紹見《生態悠悠行（增訂版）》）也可了解基圍、魚排和農地作業者如何巧妙地把經濟活動與自然融合：既取之自然，也回饋自然。

在十字路口徘徊——
香港自然保育政策前瞻

打開香港地圖，代表建成地（built-up area）的「灰色地帶」已不斷入侵新界和離島的綠色範圍。新界和離島是香港的後花園，擁有較多高生態價值土地。在香港，自然保育的最大敵人是城市化，石屎森林向綠色地帶步步進逼，發展是無可避免地

▲▲ 林地

衝著綠色地帶而來。每年都有新大廈建成，舊大廈拆卸，找不到時間留下的痕跡。始終我們崇拜的是無盡的金錢和不斷的發展。

近年政府和市民環境保護意識提高，大家開始關注如何在政策層面進行更有系統的自然保育工作。政府在二〇〇三年底公佈《展望自然——自然保育政策檢討的公眾諮詢》，檢討過去的自然保育政策，並勾勒出一幅未來自然保育工作的藍圖。

▲▲ 濕地

　　當時推出的新政策中，最大突破的要算是定下了十二個重點保育地點，令保育工作能更有方向和效率。漁護署進行生態調查，以計分制度對保育地點制定優先次序。要把主觀的生態價值轉化為客觀基準當然有難度，但我們別忘記指標的設立是為了生態保育，更有效率的運用資源。可是，政策並沒有提及具體措施的運作，例如透過什麼機制揀選出合適的私營機構進行保育（否則便正如環保團體的憂慮，淪為土地發展的藉口）、是否有足夠的監察制度確保保育工作執行妥當。

　　一直以來，地產發展項目是香港發展主調，而政府賣地予發展商的收入更是庫房的重要收入來源。如果大家對二〇〇〇年九鐵欲把落馬洲支線以高架橋形式穿越塱原的事件猶有記憶的話，不難看到地主在面臨發展時，多會選擇把土地賣予發展商，而罔顧當地的生態價值。《新自然保育政策》的諮詢文件中提到地主、非牟利機構和政府三方攜手合作：地主簽訂自願性協議，讓政府管理土地，並由非牟利機構負責執行保育工作。這個政府介入協調保育的方案比過去「零管理」進步不少。不過如果地主手上的是擁有高發展潛力土地，上述方案的吸引力實在又不大了。

▲▲ 新界農田

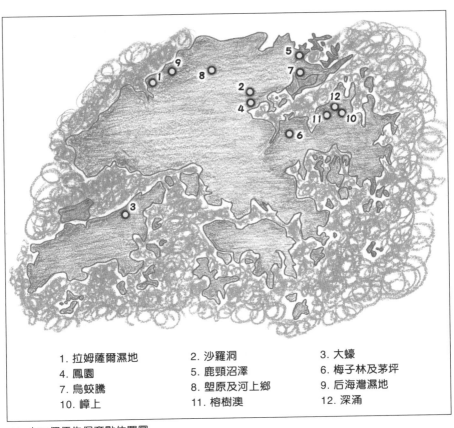

1. 拉姆薩爾濕地　　　2. 沙羅洞　　　　　3. 大蠔
4. 鳳園　　　　　　　5. 鹿頸沼澤　　　　6. 梅子林及茅坪
7. 烏蛟騰　　　　　　8. 塱原及河上鄉　　9. 后海灣濕地
10. 嶂上　　　　　　　11. 榕樹澳　　　　　12. 深涌

▲▲ 十二個優先保育點位置圖

　　政府希望透過地主或非政府機構自願參與保育工作，一方面避免荒廢農田改建為貨倉、露天停車場等棕地（brownfield）；亦可以在有限度發展下長期保育生態價值較高的地方。雖然有原居民對此政策表示強烈反對，擔心政府以此為由收購土地，但這亦未嘗不是一個在經濟發展、社會公義和環境保護這三角關係中取得平衡的方法。不過這個計劃是否能夠成功，重點是監察是否嚴謹和運作是否透明，避免優先保育點變得有名無實，最終成為地產發展項目，甚至重演沙羅洞事件（見本書〈沙羅洞〉一文）。

　　一個理想的自然保育政策應該是全面、具遠見的。綜觀香港未來發展的主流趨勢，有兩個地方特別值得注意。第一，港珠澳大橋無疑會為香港帶來極大的經濟推動力，珠三角西部和香港的經濟活動將更趨緊密，而大橋落腳點附近地區，即東涌以東的發展必定更為迅速。

　　政府在二〇〇四年和二〇一七年分別推出大嶼山發展藍圖，兩者均建議「北發展、南保育」：北大嶼山土地用於發展經濟、房屋和娛樂；南大嶼山則發展為休閒和生態旅遊中心。但這些藍圖都只提出了發展方向，如果沒有具體和整全的保育政策作指引，都只會為大嶼山的經濟發展打開更寬闊的大門。

　　一九九六年前，當大嶼山還是一個只有水路方可抵達的島嶼時，其發展極為有限。青馬大橋落成後，人流物流增加，大嶼山發展迅速。當時東涌頓成了香港最西端的市區，但只靠一線鐵路和公路連接，地理上仍然呈基本孤立狀態。但港珠澳大橋建成後，東涌不再是香港市區的西邊盡頭，反而成了前往珠三角西部的起點。將來屯門至赤鱲角的道路開通後，東涌即成了四通八達的樞紐：東至香港中心、南往南大嶼、西通珠三角西部、北連屯門，發展肯定更快。

　　有人認為大嶼山有大面積土地已劃作郊野公園，發展受限。但別忘了在二〇一八年，社會在討論覓地建屋時，亦曾有聲音說要發展郊野公園的邊陲地帶。另外，一些不屬郊野公園範圍內的地方，諸如梅窩，亦是可以盡情發展的地方。這些地方現時還是鄉郊地方，二十年後會變成如何實在是未知之數。

　　第二，除了陸上生境需要保育外，海洋生境也同樣重要。香港的海岸線綿長，水域甚廣，但是新保育政策中卻沒有提及對海洋保護方案。難道我們要一面保育陸上生境，同時透過填海繼續發展嗎？

▲▲ 高樓大廈包圍著天空

香港的自然保育工作停滯多時，無論在保育理念、規劃策略和環境教育各層面都是如此。一個理想的自然保育政策應能平衡城市發展和自然保育。香港地少人多，人人覬覦著珍稀的土地，要保育真的不是容易。政府應有清晰的保育理念，令社會知道保育路向，而市民和綠色團體亦得以配合；規劃上亦應更具透明度，達至社區全民監察——這對於隨時被擅自更改用途的鄉郊土地尤其重要；政府政策上也要讓普羅市民體會到可持續地開發自然資源亦是生財之道。要改變整個社會的心態，培育大眾關愛大自然的心才是根本。

政策推出時號稱是《新自然保育政策》，但近二十年過去，這「新」政策並未有明顯作為。十二個優先保育地點中，有七個依然未有任何的保育工作。換句話說，過去近二十年時間，那些土地都是未有妥善管理。二十年是何等漫長的時間？如條件合適，加上細心管理下，相信足以讓一片荒地發展為一個叢林，並讓其他昆蟲和動物受惠。只嘆當天一廂情願地相信此「新」政策可為自然保育帶來新氣象，使荒地不再荒廢，那些優先保育的地點都得到管理。何時我們又再來個《「新」新自然保育政策》？

參考資料

本書介紹了不少優先保育地點，包括沙羅洞、鳳園、大蠔、烏蛟騰（見本書〈荔枝窩〉一文）、拉姆薩爾濕地和后海灣濕地（見本書〈尖鼻咀〉和〈南生圍〉二文）。另鹿頸、塱原、榕樹澳和深涌的介紹亦見於《生態悠悠行（增訂版）》。當中部分地點受惠於《新自然保育政策》，考察時可特別留意其保育情況。

與大自然好好戀愛——
仍是夢嗎？

　　翩翩起舞的蝴蝶、形態萬千的雀鳥、廣闊無邊的紅樹林，這些都是我們引以為傲的自然資產。面積只有一千一百平方公里的彈丸之地擁有逾二百三十多個蝴蝶品種、五百三十種雀鳥，以及至少八種紅樹，香港真的可算是一個「麻雀雖小，五臟俱全」的生態寶庫。

　　雖然貴為寶庫，但如果沒有適當的保育，以上物種只會逐漸消失。可惜本港到目前為止仍沒有一套完善的保育政策，使很多極具生態價值的地方受

到破壞。眼看著蝴蝶蜻蜓無家可歸，鷺鳥不能再在濕地覓食，大家也會覺得可惜吧？

即使有《新自然保育政策》提出環保團體與商界合作的方案，惟近二十年後的今天，措施乏善可陳。有很多具生態價值的地方繼續因為政策上的漏洞而長期成為「孤兒」，沙羅洞和大蠔更可謂當中的「佼佼者」。

▲▲ 沙羅洞

沙羅洞以「蜻蜓天堂」見稱，差不多所有土地已被發展商在七十年代末購入。正當發展商準備大興土木之際，政府發現當地擁有高生態價值，故劃入「具特殊科學價值地點」，只准發展百分之二的土地作低密度住宅，頓令發展商的鴻圖大計胎死腹中。沙羅洞自此便

▲▲ 大蠔

成為「三不管」地帶。政府不主動作保育；發展商空有地權不能發展；原居民因得不到合理賠償而遷出。擁有「蜻蜓天堂」美譽的沙羅洞遂逐漸成為「野戰天堂」與「飛車天堂」，環境遭受肆意破壞，實教人惋惜。

另一位「孤兒」大蠔，也是「具特殊科學價值地點」之一。由於政府否決地產商於當地的發展計劃，當地林木的數量隨之減少，大蠔灣的生態價值日減。紅樹林四周甚至加裝了層層的鐵網，連研究人員也難以進入考察當地

▲▲ 大蠔紅樹林的鐵網

的生態環境。可怕的是，當局根本不可能對這些小動作做些什麼，因為那些土地屬私人擁有，而土地用途並沒有更改，而這正是現行保育政策的嚴重漏洞。

綜合以上兩個例子，一些地方縱然成為「具特殊科學價值地點」，反而得不到適當保育，令生態環境無辜受害。歸根究柢，這些地方都屬於私人土地，金錢與發展心態作祟之下，犧牲的就是我們的生態寶庫。類似的情況並不只發生在動植物身上，二○○九年何東花園的清拆事件便證明了要在私人土地上要求業主進行保育是何等困難的事。要解決這兩難局面，其中一個可行辦法是透過推動可持續發展生態旅遊，使地主明白除了發展以外，保存其土地上的自然環境仍可為他帶來長遠經濟收益。當然這個方法最終還需要大眾支持。空有豐富生態資源而無人懂得欣賞，香港的紅樹、雀鳥、蝴蝶和蜻蜓的命運仍是堪虞啊！

▲▲ 近年一些村落不時以封路來表達對政府限制發展的不滿

參考資料

縱有沙羅洞和大蠔兩個失敗例子，香港也不乏受到完善保育的文化生態地點，例如屏山、海下灣、大棠自然教育徑和蕉坑（後二者的介紹見《生態悠悠行（增訂版）》）。

踐踏泥土對植物的影響

對不少人來說，泥土「污糟邋遢」，毫無價值。這樣未免忘記了泥土在生態系統中的重要性。泥土是地球生態系統的必要部分：

- 泥土是動植物的家。它幾乎是所有植物的生長媒介；它也是一些動物的棲身之所，例如蚯蚓、螞蟻等；
- 泥土是濾水器。透過吸收雨水，並釋放雨水到蓄水層的過程，能過濾水中的一些污染物；
- 泥土是回收場。養分在泥土進行循環，重新供應予植物所用。

沒有泥土，也就沒有植物，動物也就無法生存了。原來整個地球的生態系統就是建立在這一層薄薄的泥土上。對人類而言，泥土也是原材料。陶瓷來自陶土、一些工程也需要泥土作地基。

草地上常有「請勿踐踏」的標語。請勿踐踏的，其一當然是植物；但即使踐

▲ 泥土剖面

踏泥土，其生態影響也是非常之大的。香港好些土壤都由花崗岩風化而成，所以泥土中的養分含量較低。但隨著生態環境成熟，土壤肥力（fertility）正不斷改善，再加上充足陽光和水分，大部分植物都可茁壯成長（見《生態悠悠行（增訂版）》〈春風吹又生〉一文）。泥土為植物提供養分和一生一世的支撐，助它們抵禦風雨吹打。看郊野公園綠樹成蔭，就知道泥土真是功不可沒。但隨著郊野活動日趨普及，泥土踐踏（soil trampling）的問題日益嚴重，時刻威脅著植物的成長。

過度踐踏泥土是造成植物死亡的原因之一。理想的泥土成分，應如右圖所示。

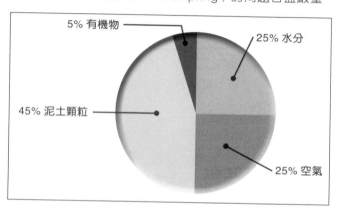

泥土經踐踏後，土壤孔隙（pore space）被大大壓縮，無法儲存水分和空氣。良好的土壤具有透氣透水的功能，讓植物根部呼吸和生長。泥土被過分踐踏，表面的土壤便漸漸會形成硬塊，水分較難下滲（infiltrate）到泥土。植物無法生長，泥土的有機物含量也就越來越少。即使有植物可以生長，都是矮小稀疏。在人為干擾較大的地方，如營地和燒烤場，植被的覆蓋率都是相當低。亦有研究顯示大規模的野外比賽令山徑人流大幅增加，會造成泥土踐踏的問題。這些破壞在賽後半年多依然未能自然修復。

▲▲ 泥土被過度踐踏

▲▲ 因過度踐踏而造成的後果

▲▲ 受歡迎的遠足路徑常會發生泥土踐踏的問題

　　可能只有種子才是泥土踐踏的唯一受益者。有限度的踐踏泥土增加泥土和種子的接觸面，有助植物發芽。另外，輕度的踐踏也可以減慢泥土內水分蒸發的速度，令植物減少因乾旱而枯萎。

　　但總的來說，踐踏泥土還是弊多於利的。這種行為對植物所造成的影響實在不容忽視。泥土是地球上重要的資源，和植物有著密不可分、互利互惠的關係。踐踏泥土除了破壞土壤結構，更會影響植物生長，拖慢植物演替。從今天起請愛惜泥土，使用既有山徑。

參考資料　　泥土遭嚴重踐踏的問題十分普遍。馬屎洲、孖指徑和城門水塘等熱門郊遊徑都可考察到相關問題。

綠色一角？

　　隨著本地生態旅遊的興起，越來越多人關心和認識大自然，也有越來越多人對一草一木產生興趣。不過，你對郊野植物實際又知道多少呢？

　　植物像地球的肺部：一方面吸入二氧化碳，另一方面釋出所有動物都需要的氧氣。同時，樹木就似大自然的百貨公司，各種動植物在其身上各取所需。樹葉是不少昆蟲的食物，也可能是牠們的產房和託兒所；樹冠可以是雀鳥，甚至是哺乳類動物的安身之所；樹幹上的裂縫和孔隙也可以是螞蟻的高速公路和家居。健康樹木有如此多的功用，枯萎的樹木也有其價值。樹木的木質部分是真菌、白蟻等分解者的養分來源；掉下的樹枝也是鳥巢的建築材料。

▲▲ 臺灣相思

　　在郊野中漫步時有否發現一種葉片細密修長、三至四月時綻放出一團團黃色小花的樹木？沒錯，那就是從台灣、菲律賓等地引進的臺灣相思。

　　臺灣相思是香港常見的相思屬樹種，屬於固氮（nitrogen-fixing）植物。它的根部生有根瘤菌（rhizobia），與植物互相依賴，根瘤菌能把空氣中的氮轉化成為植物可吸取的形式；同時，植

▲▲ 山火後的土地

▲▲ 臺灣相思的葉和莖

物又為根瘤菌提供養分，兩者形成共生（symbiotic）關係。因此種植臺灣相思長遠還可改善本港瘦瘠缺氮的土壤。

　　有些植物是有助遏止山火蔓延，例如剛才提及的臺灣相思，就是因為其林底下較少長有植物，沒有這些「燃料」，樹木自身也較少受山火侵害，所以在郊野公園裡被廣泛種植為隔火帶（firebreak）。相反有些植物卻是名副其實的惹火尤物。蕨類植物和松樹（pine）就是當中的代表。它們的落葉需要長時間才能完全分解，結果堆積起來，一旦發生火災便會一發不可收拾。

　　一些植物在大自然中扮演著「指示牌」角色。譬如要是見到蕨類植物鐵芒萁，那麼該地的土壤大概是酸性，這是因為鐵芒萁多數生長在酸性較高的泥土。地衣是自然界裡的另一種指示植物。別以為地衣在沒有養分的石頭或樹木表面生長，便是無欲無所求。其實地衣也挑剔得很，在空氣污染稍為嚴重的地方休想找到它的蹤影。地衣是空氣污染程度指標，有幸見到它，就知道該處的空氣不錯了。

▲▲ 鐵芒萁

▲▲ 生長在樹上的地衣

▲▲ 紅樹

　　有些植物是生長在海岸邊。紅樹有特別的構造，能適應潮水漲退和高鹽分環境。它們在海岸生態系統的角色可大了，不但為沿岸的動物提供食物和居所，也能協助過濾河水。

　　植物是自然界重要的一員，它所扮演的又何止一個角色？只要細心留意，便會找到許多特別之處。

參考資料

中環至山頂的山徑可感受林木所製造的微氣候；考察大埔墟和大棠自然教育徑（見《生態悠悠行（增訂版）》）可了解市區行道樹和生態復修植樹的不同學問；大澳紅樹林雖為人工種植，但仍為食物鏈提供了起點。

風水林？風水・林？

一提到風水林，大家的腦海會立刻浮現什麼？風水？森林？

風水林泛指新界客家村莊背後的森林，大部分位於海拔一百米以下的低地，是華南地區的鄉郊一大特色。相傳村民立村時會刻意保留或種植原始樹林，部分已有數百年歷史。香港最老的風水林位於城門水塘，有四百多年歷史。風水林所擁有的本地原生植物品種較一般人工林多，而種植歷史也較人

▲ 大蠔牛牯塱村的風水林

工林悠久。風水林保存得比較完整，能吸引較多本地動物和雀鳥入內覓食及棲息，生態價值也較次生（secondary growth）的人工林為高。有人甚至把風水林形容為香港陸上非濕地生境中，生物多樣性最高的環境之一呢！

▲ 荔枝窩風水林

風水林多數位於村落附近或房屋背後，既作為天然屏障，阻擋冬季的北風；又能調節微氣候，降低盛夏的溫度；也能抓緊泥土，減少山泥傾瀉發生。村民視風水

林為可以避邪擋災的風水寶物。正因風水林的神聖角色，大部分風水林即使經歷戰亂和大型砍伐也被保留下來，為維持生態平衡作出重大貢獻。

▲▲ 烏桕

▲▲ 樟

風水林裡生長的本地植物品種繁多，常見的包括竹、樟樹、土沉香、漆樹（*Rhus*）、烏桕等，以及過去未曾發現的品種。好好保護這些林地，有助我們進一步了解本地植物成長過程。可惜現行有關的保育條例並不能確保風水林不受城市發展影響。不少風水林乃生長於私人土地，要限制發展和作出監察往往有不少困難。

▲▲ 竹

香港的林木多的是，但大多是第二次世界大戰後的人工植林，歷史不長之餘，亦有不少外來品種。真正本地原生的就只有風水林。數百年前未有「保育」的概念，村民也只是做了他們該做事——與大自然和諧共處。只有了解大自然對自己的價值後，才會願意保育。今天我們對本地原生植物的認識依然十分有限，風水林成為研究的主要途徑。一旦風水林遭到砍伐和破壞，那我們將永遠失去一個了解它們的好機會。

參考資料

本港有數百個風水林，官方記錄的也有百多片，其中在大蠔、城門水塘、荔枝窩、赤徑、荔枝莊和鹿頸（後二者的介紹見《生態悠悠行（增訂版）》）都可找到。部分風水林不易到達，為表尊重文化和安全考慮，不要強行闖入。荔枝窩設有一個風水林參觀點，可近距離考察風水林的植物品種。

綠色生態災難

　　無數白色小花在冬日漫山遍野盛放著。綠綠的心形葉片鋪天蓋地的生長著，令整個山頭成了綠油油一片。這種植物並不是什麼新品種，而是一種早於一八八四年已有香港文獻記錄的品種——薇甘菊。

🔺 薇甘菊

　　薇甘菊是菊科多年生攀緣植物，原產於中美洲和南美洲。為了吸取陽光進行光合作用，它擁有寬大葉片。薇甘菊的生長速度驚人，可在半月內攀附生長至兩三米高。隨著城市發展和其他人類騷擾，薇甘菊已成為繼山火後，郊野公園的第二號植物殺手。

　　無論是新界西北的濕地、大埔滘的森林，甚至東平洲等離島，幾乎在香港各處都有薇甘菊的蹤影，可見薇甘菊已在香港落地生根。薇甘菊透過攀爬依靠物和寬大葉片爭取陽光，植物一旦被它攀上，便無法順利進行光合作用，繼而枯萎。由於薇甘菊並非寄生植物，攀附植物亦只求支撐，故被攀附的植物即使枯萎也不會影響薇甘菊的生長。

　　薇甘菊在百多年前已於香港出現，但當時並未構成重大的影響，究其原因，是當時的生態系統仍處於一個較平衡的狀態。在一個完善的生態系統中，各種動植物皆有其角色，互相牽制，外來物種即使能夠侵入，其繁衍亦會受到限制。整個生態系統就像一張網，各種生物都必須拉緊網邊以維持網的張力，生態系統便能承受一定程度的衝擊。例如在密林的地面，陽光不易到達。薇甘菊要一邊成長一邊往上爬也不是容易的事。

▲▲ 薇甘菊攀附植物

隨著城市發展和郊遊人數上升，物種的生活環境受到影響，網的張力減低，外來物種便能乘虛而入，大肆繁殖，大自然也無力自行抵抗。不恰當的郊遊行為亦加速了薇甘菊的傳播和繁殖。試想想，一個四面環海的小島，怎會被薇甘菊入侵？雖然風與飛鳥亦有可能是種子的傳播者，但不負責任的郊遊行徑又是否在協助薇甘菊繁殖？郊遊人士隨意採摘和帶走薇甘菊，結果替薇甘菊傳播了種子。「除了足印，什麼都不可留下；除了回憶，什麼都不可帶走」絕對不是噱頭！面對城市發展，香港的大自然已變得弱不禁風，忽視環境承載力和隨意帶走大自然物種的行為使大自然失去了對抗外來者的力量。

▲▲ 薇甘菊

今天仍未有一完善方法可以控制薇甘菊的生長。現時採取的方法主要為人手清除。但對於那些生長在斜坡懸崖等地方的薇甘菊，我們只能默默看著它入侵。要強調的是，薇甘菊生命力頑強，能在斷枝重新長根；而在冬日花期清除薇甘菊亦在協助它們散播種子。清除薇甘菊需要周詳的計劃，在郊遊時請不要隨便清除，以免好心做壞事。

薇甘菊蔓延的問題不只在香港發生，印尼以至南太平洋上的帛琉群島亦受到同樣的問題困擾。南太平洋島國薩摩亞（Samoa）上的椰子園、棕櫚園、香蕉園、可可園甚至因薇甘菊的入侵而造成經濟損失。各種植物在大自然中均有個角色，薇甘菊亦如是。只是當它缺乏天敵，失控地在生態系統中繁衍時，我們必須作出控制措施。在這場生態災難中，大自然拼命抗爭，作為生態系統中一員的人類，又可以做什麼？

▲▲ 什麼都不可留下

參考資料

薇甘菊已成為郊野常見植物之一，遠至東平洲和沙羅洞亦有它的蹤跡。白色的花在冬季花期時最為明顯，可以很容易地在叢林中被分辨出來。為免助長種子傳播和傷害被攀附植物，請勿自行清除薇甘菊。

常見原生植物

　　原生植物是指在一指定地區內，未經任何人為因素干擾而自然存在的植物。簡單來說，香港原生植物就是在本地土生土長的植物，而非從外地引入的品種。

一支黃花

中文名：一支黃花
學　名：*Solidago decurrens*
英文名：Golden-rod
花　期：八月至十一月
介　紹：從一支莖幹上長出數十個黃色花，故名。葉片上部狹小。果瘦小。

一點紅

中文名：一點紅，又名雞腳草。
學　名：*Emilia sonchifolia*
英文名：Tassel-Flower
花　期：幾乎全年
介　紹：花淡紫紅色，成一點紅色，因而得名。有白色冠毛。喜炎熱和日照。

山大刀

中文名：山大刀，又名九節。
學　名：*Psychotria asiatica*
英文名：Wild Coffee, Red Psychotria
花期及果期：全年
介　紹：枝條上有許多明顯的節，故名。花白色或淺綠色。果實球形，未成熟時為青綠色，成熟後轉紅色（見本書〈赤徑〉一文）。

三裂葉薯

中文名：三裂葉薯，又名三裂葉牽牛。
學　名：*Ipomoea triloba*
介　紹：葉呈卵形或心形，三裂，表面
　　　　有毛茸。花呈淡紫紅色，呈漏
　　　　斗狀，看似細小的牽牛花。果
　　　　實近球形，且有毛茸。

大青

中文名：大青
學　名：*Clerodendrum cyrtophyllum*
英文名：Mayflower Glorybower,
　　　　Mayflower Gloryberry
介　紹：葉長卵形或長橢圓形。花呈白
　　　　色，外側被毛。果實紫藍色，
　　　　呈球形。

大頭茶

中文名：大頭茶
學　名：*Gordonia axillaris*
英文名：Hong Kong Gordonia
花　期：十月至一月
介　紹：葉長橢圓形，厚硬堅挺。花白
　　　　色，花蕊鮮黃色。果實黃褐色
　　　　木質（見本書〈孖指徑〉及
　　　　〈城門水塘〉二文）。

毛菍

中文名：毛菍
學　名：*Melastoma sanguineum*
英文名：Bloodred Melastoma
花期及果期：幾乎全年，通常八月至十月。
介　紹：全株被長粗毛。葉尖而長，背
　　　　呈紅色。花紫紅色。果實杯狀
　　　　球形，披著濃密的紅色毛。

梔子

中文名：梔子，又名蟬水橫枝、水橫枝。
學　名：*Gardenia jasminoides*
英文名：Cape Jasmine
花　期：三月至八月
果　期：五月至十二月
介　紹：花白色，有強烈香氣。漿果帶
　　　　黃色。葉終年亮綠。

火炭母

中文名：火炭母，又名五毒草。
學　名：*Polygonum chinense*
英文名：Chinese Knotweed, Smartweed
果　期：八月至十月
介　紹：常用的涼茶材料。葉卵形，有
　　　　紫藍色「人」字形斑紋，非常
　　　　特別。花白色、淡紅色或紫色。
　　　　果實成熟時藍紫色，呈圓形。

凹葉紅豆

中文名：凹葉紅豆
學　名：*Ormosia emarginata*
英文名：Emarginate-leaved Ormosia,
　　　　Shrubby Ormosia
花　期：五月至六月
介　紹：葉厚，尖端有凹缺。花白色。
　　　　果實裂開時可見深紅色種子。

地菍

中文名：地菍
學　名：*Melastoma dodecandrum*
英文名：Twelve Stamened Melastoma
花　期：五月至七月
果　期：七月至九月
介　紹：葉呈卵形。花淡紫色。果實為
　　　　球形。貼地面而生。

羊耳菊

中文名：羊耳菊，又名白牛膽。
學　名：*Inula cappa*
英文名：Elecampane
花　期：八月至十二月
介　紹：葉披粗毛。花黃色。

血桐

中文名：血桐
學　名：*Macaranga tanarius*
英文名：Elephant's Ear,
　　　　Common Macaranga
花　期：四月至五月
果　期：六月
介　紹：血桐會分泌紫紅色樹汁，像血
　　　　液，故名。葉闊且圓，葉柄生
　　　　於底部，像象耳（見本書〈大
　　　　埔墟〉一文）。

東風草

中文名：東風草，又名大頭艾納香。
學　名：*Blumea megacephala*
英文名：Big-flowered Blumea
花　期：七月至十二月
介　紹：葉無毛或被疏毛。外圍花朵帶
　　　　紫紅色，內圍花朵黃色。

蔓九節

中文名：蔓九節，又名穿根藤。
學　名：*Psychotria serpens*
英文名：Creeping Psychotria
花　期：四月至七月
果　期：全年
介　紹：短而密的氣根附於樹上或石
　　　　上，用以呼吸、攀附和吸收養
　　　　分。花帶白色，有芳香。漿果
　　　　白色，近球形。

香港大沙葉

中文名：香港大沙葉，又名茜木。
學　名：*Pavetta hongkongensis*
英文名：Hong Kong Pavetta, Pavetta
花　期：三月至八月
果　期：六月至十二月
介　紹：葉面佈滿固氮菌所形成的菌瘤，陽光照射時有如點點繁星，又名滿天星。

海芋

中文名：海芋
學　名：*Alocasia odora*
英文名：Giant Alocasia, Alocasia
花　期：四月至五月
果　期：六月至七月
介　紹：全株有毒。葉片很大，呈箭狀。花帶白色或黃色。果實鮮紅色，外形如粟米，是鳥類的食物（見本書〈梅窩〉一文）。

白花燈籠

中文名：白花燈籠，又名鬼燈籠。
學　名：*Clerodendrum fortunatum*
英文名：Glorybower, Gloryberry
介　紹：白花包在紫色燈籠狀的花萼中，狀似燈籠，故又名鬼燈籠。果實黑色，近圓形。

桃金娘

中文名：桃金娘，又名崗稔。
學　名：*Rhodomyrtus tomentosa*
英文名：Rose Myrtle, Downy Rosemyrtle
花　期：四月至五月
介　紹：葉呈橢圓形，表面光滑，背面有白色短毛。葉端有微小凹陷，葉脈與毛菍和野牡丹明顯不同。花桃紅色。果實像個小杯。

鏽毛莓

中文名：鏽毛莓，又名蛇泡簕。
學　名：*Rubus reflexus*
英文名：Rustyhair Raspberry, Raspberry
花　期：四月至七月
果　期：八月至九月
介　紹：莖上有細小鈎刺，路經時要格
　　　　外小心。葉面有毛茸，並有淺
　　　　至深棕色花斑。果實肉質，呈
　　　　球形，鮮紅色。

野牡丹

中文名：野牡丹
學　名：*Melastoma candidum*
英文名：Common Melastoma
花　期：五月至七月
果　期：十月至十二月
介　紹：葉兩面皆被毛，有五至七條明
　　　　顯葉脈平行排列。花粉紅色。
　　　　果實披灰白色毛。

猴耳環

中文名：猴耳環
學　名：*Archidendron clypearia*
英文名：Monkeypod
花　期：二月至六月
果　期：四月至八月
介　紹：葉的形狀像平行四邊形，排列
　　　　整齊。花呈白色或淡黃色。果
　　　　實呈條形，並旋轉成環狀，似
　　　　猴耳，故名。

酢漿草

中文名：酢漿草
學　名：*Oxalis corniculata*
英文名：Sorrel
花　期：三月至十月
介　紹：葉由三片倒心形小葉所組成，
　　　　另稱三葉草。小花黃色。

楓香

中文名：楓香
學　名：*Liquidambar formosana*
英文名：Sweet Gum, Chinese Sweet Gum
花　期：四月至六月
介　紹：葉掌狀，邊緣有鋸齒，秋冬時
　　　　變成紅棕色，揉搓葉片時有香
　　　　味散發，加上葉片似楓葉，故
　　　　名（見本書〈大埔滘〉一文）。

蒲公英

中文名：蒲公英
學　名：*Taraxacum mongolicum*
英文名：Mongolian Dandelion
花　期：四月至十一月
介　紹：葉生在基部，有鋸齒。花黃色。
　　　　白色的毛帶著種子在空中隨風
　　　　飄浮。

錫葉藤

中文名：錫葉藤
學　名：*Tetracera asiatica*
英文名：Sandpaper Vine
介　紹：葉面非常粗糙，像沙紙，可作
　　　　洗刷、打磨器皿之用（見本書
　　　　〈北潭涌〉一文）。

鵝掌柴

中文名：鵝掌柴，又名鴨腳木。
學　名：*Schefflera heptaphylla*
英文名：Ivy Tree
花　期：十一月至十二月
介　紹：葉通常有七至八片，看似鵝或
　　　　鴨的腳掌，故名。花很小，白
　　　　黃色而密。

細葉榕

中文名：細葉榕
學　名：*Ficus microcarpa*
英文名：Chinese Banyan,
　　　　Small-fruited Fig
花　期：五月至十二月
介　紹：樹幹長出的氣根下垂後到達泥
　　　　土便能形成新樹幹。葉茂密，
　　　　可遮陰及防風。花細小，生長
　　　　在中空的無花果內壁。無花果
　　　　未成熟時青綠色，成熟後轉黑
　　　　色（見本書〈大埔墟〉和〈九
　　　　龍公園〉二文）。

鈎吻

中文名：鈎吻，又名胡蔓藤、斷腸草。
學　名：Gelsemium elegans
英文名：Gelsemium, Graceful Jesamine
花　期：五月至十一月
果　期：八月至二月
介　紹：香港五大毒草之一，全株有劇
　　　　毒，誤服後輕則感到口乾、說
　　　　話困難；重則腹部劇痛、心臟
　　　　及呼吸衰竭而亡。葉卵狀，兩
　　　　面光滑。花黃色，小喇叭形，
　　　　有芬芳香氣。果實呈卵形。

洋紫荊

中文名：洋紫荊
學　名：*Bauhinia blakeana*
英文名：Hong Kong Orchid Tree
花　期：十一月至三月
介　紹：洋紫荊在一九六五年獲選為香港市花。洋紫荊是本地原生植物，具有獨特歷史，可以充分代表香港。花深紫紅色，共五片花瓣。

一八八〇年左右一名法國傳道會的神父在香港島發現此種植物，後來經植物學家鑑定是羊蹄甲屬的新品種，洋紫荊因此成為了香港的特色之一。洋紫荊的花鮮艷奪目，深受市民歡迎，但因洋紫荊不能結果，所以只能透過高空壓條法、插枝法或嫁接法繁殖。洋紫荊與宮粉羊蹄甲（*Bauhinia variegata*, Camel's Foot Tree）相似，分別在於花瓣顏色。洋紫荊花瓣深紫紅色，宮粉羊蹄甲則是淺粉紅色；宮粉羊蹄甲能長出豆莢果實，洋紫荊則不能；洋紫荊的花期是十一月至三月，宮粉羊蹄甲的是一月至十二月。

▲▲ 宮粉羊蹄甲的花和豆莢

土沉香

中文名：土沉香，又名牙香樹、白木香。
學　名：*Aquilaria sinensis* (Lour.)
　　　　Spreng
英文名：Incense Tree
花　期：四月
果　期：七月
介　紹：土沉香樹幹或根部被蛀蝕或受到損傷後會流出結膠狀液，沉於土中，經微生物作用凝結成褐黃色固體——沉香。沉香會沉於水中，燃燒時散發濃郁香氣，所以名叫土沉香。土沉香非常珍貴，是國家二級保護野生植物。

土沉香是「香港」名字的由來。根據羅香林教授撰寫的《一八四二年以前之香港及其對外交通》及其他文獻，宋朝時沙田瀝源和大嶼山沙螺灣大量種植土沉香。農民將土沉香的產品運到尖沙咀，再轉運往香港仔石排灣，然後出口。石排灣這個出口香品的港口因而被稱為「香港」，即「出產香的港口」，及後此名字引申至整個城市（見本書〈東涌—大澳〉一文）。

龍船花

中文名：龍船花，又名山丹。
學　名：*Ixora chinensis*
英文名：Chinese Ixora, Red Ixora
花　期：二月至十一月
介　紹：花火紅色，聚生。葉片較大，深綠色。市區還有一種跟龍船花很相似但個子（約半米）和葉片（約五厘米）較小的花，名為「細葉龍船花」。

山指甲

中文名：山指甲，又名小蠟樹。
學　名：*Ligustrum sinense*
英文名：Chinese Privet
花　期：三月至六月
果　期：九月至十二月
介　紹：花細小，聚生，一簇簇小白花像天上的星雲，非常清麗。山指甲用途極多，一般栽種在公園和街道作綠籬；果實可釀酒，種子可榨油製造肥皂。

山油柑

中文名：山油柑，又名降真香。
學　名：*Acronychia pedunculata*
英文名：Acronychia
花　期：四月至八月
果　期：八月至十二月
介　紹：葉橢圓形，葉揉碎時發出香味。花帶黃綠色。果圓形，黃色，柔軟，香甜可吃。

黃葛樹

中文名：黃葛樹，又名大葉榕。
學　名：*Ficus virens var. sublanceolata*
英文名：Big-leaved Fig
花期及果期：四月至十月
介　紹：常見行道樹，葉片較大，有遮蔭作用。葉片長橢圓形，含乳白液汁。花細小，生長在中空的紫紅色無花果內壁。

韓信草

中文名：韓信草，又名耳挖草。
學　名：*Scutellaria indica*
英文名：Skullcap
花　期：八月至九月
介　紹：全年生草本植物，花紫色具小斑，形如其名像耳挖。具藥用價值，相傳漢朝韓信用此草藥為將士療傷，故名。由於生長期全年、顏色鮮艷、不用特別打理、能抵風和污染物，韓信草亦常用於天台綠化工程中。

常見外來植物

　　香港的植林史最早可追溯至一八七〇年代。但大規模的植林計劃卻始於五十年代初日治時期結束後。大量林木於戰時被砍掉，香港需要大規模的植林以防止水土流失和恢復生態環境。當時很多外來植物被引入作為植林品種，而人為或天然的傳播亦增加了外來植物品種的數量，豐富了香港的生態環境。

鳳凰木

中文名：鳳凰木，又名影樹、火鳳凰。
學　名：*Delonix regia*
英文名：Flame of the Forest
原生地：馬達加斯加
花　期：六月至七月
果　期：八月至十月
介　紹：夏天經過行人道和公園時，最能吸引視線必定是鳳凰木。一如其英文名，鮮紅色的花朵像火焰般聚生在枝幹上，加上其羽毛狀複葉，易於辨認。鳳凰木抗風力低，故很少在郊野發現其蹤影（見本書〈大埔墟〉一文）。

木棉

中文名：木棉，又名紅棉、英雄樹。
學　名：*Bombax ceiba*
英文名：Tree Cotton, Red Kapok
　　　　Tree
原生地：印度、印尼、菲律賓
花　期：三月
果　期：五月
介　紹：花具藥用價值，是五花茶
　　　　的材料之一。冬末初春
　　　　時到公園一趟，會看到有
　　　　人將一朵朵橙紅色的木棉
　　　　花放在太陽下曬。成熟的
　　　　木棉花有手掌般大；留意
　　　　木棉樹近地面部分，可找
　　　　到一些錐形尖釘（見本書
　　　　〈大埔墟〉一文）。

紅膠木

中文名：紅膠木
學　名：*Lophostemon confertus*
英文名：Brisbane Box
原生地：澳洲
花　期：五月至七月
果　期：八月至十月
介　紹：耐乾旱、適應劣質土壤的
　　　　特性使紅膠木被廣泛種植
　　　　於郊野公園。它可抵受
　　　　山火洗禮，即使被祝融蹂
　　　　躪，也容易重新生長。故
　　　　成為香港重要的植林樹
　　　　種，與臺灣相思和濕地松
　　　　同被譽為「植林三寶」。

荔枝

中文名：荔枝
學　名：*Litchi chinensis*
英文名：Lychee
原生地：亞洲東南部
花　期：三月至五月
果　期：六月至八月
介　紹：屬於無患子科，與龍眼同
　　　　科。荔枝是中國南方特
　　　　產。提起荔枝，一定不會
　　　　忘記糯米糍、桂味等不同
　　　　的品種。現時食用的荔枝
　　　　多來自內地。香港不少的
　　　　荔枝樹因農村衰落，缺乏
　　　　打理而營養不良，甚至不
　　　　能結果。

龍眼

中文名：龍眼，又名桂圓。
學　名：*Dimocarpus longan*
英文名：Longan, Lungan
原生地：亞洲東南部
花　期：三月至八月
果　期：九月至十一月
介　紹：分佈甚廣，華南地區、台
　　　　灣甚至遠至印度也可找
　　　　到。每逢秋季，黃褐色的
　　　　果子滿佈樹上，令人垂涎
　　　　三尺。龍眼是高大常綠喬
　　　　木，最高可達十米或以
　　　　上，有些村民甚至祭祀龍
　　　　眼樹以保平安。

臺灣相思

中文名：臺灣相思
學　名：*Acacia confusa*
英文名：Taiwan Acacia, Acacia
原生地：台灣、菲律賓
花　期：三月至十月
果　期：八月至十二月
介　紹：成年臺灣相思樹的「葉」
都是假葉。此樹幼年時
在葉柄的頂端會長出真
葉，其後葉柄逐漸變
成現在長形的葉狀柄
（phyllode）。臺灣相思
能在土質較差的地方紮根
成長，對復修山火後的生
態極為有效，屬「植林三
寶」之一（見本書〈城門
水塘〉一文）。

白千層

中文名：白千層
學　名：*Melaleuca quinquenervia*
英文名：Paper-bark Tree,
Cajeput-tree
原生地：澳洲
花　期：十一月
介　紹：樹幹偏白，樹皮如紙般一
層層的。白千層木質耐
火，且其枝葉繁密，使林
底植物較難生長，因此常
被種植在郊野的防火帶。

馬占相思

中文名：馬占相思，又名大葉相思。
學　名：*Acacia mangium*
英文名：Big-leaved Acacia
原生地：澳洲
花　期：十月
介　紹：馬占相思、臺灣相思和耳
　　　　果相思同屬含羞草科，
　　　　並於八十年代開始引進香
　　　　港。它們都能適應貧瘠土
　　　　地，並具固氮作用。此樹
　　　　在內地多用作木材，在香
　　　　港則主要用作植林和作隔
　　　　火帶之用。

耳果相思

中文名：耳果相思，又名耳葉相思。
學　名：*Acacia auriculiformis*
英文名：Ear-leaved Acacia
原生地：澳洲、新西蘭
介　紹：名字源自如人類外耳形狀
　　　　的果實。此樹亦有固氮功
　　　　能，能促進泥土的氮含量。

濕地松

中文名：濕地松，又名愛氏松。

學　名：*Pinus elliottii*

英文名：Slash Pine

原生地：美國東南部

花　期：十二月至一月

果　期：一般需要三年時間結果

介　紹：郊野公園內常見的裸子植
　　　　物。裸子植物的發源可追
　　　　溯至恐龍時代，屬於較原
　　　　始的植物。濕地松能夠生
　　　　長於貧瘠土壤上，屬「植
　　　　林三寶」之一。

檸檬桉

中文名：檸檬桉

學　名：*Eucalyptus citriodora*

英文名：Lemon-scented Gum

原生地：澳洲

花　期：四月至九月

介　紹：是桉樹的一種。桉樹即尤
　　　　加利樹。尤加利是從桉樹
　　　　的英文（*Eucalyptus*）音
　　　　譯過來。高大筆直的樹幹
　　　　表面非常光滑。此樹的葉
　　　　散發著濃烈的檸檬香味，
　　　　又有點像驅蚊貼的味道，
　　　　只要將落葉揉碎就可嗅
　　　　到。下雨天後站在樹下，
　　　　也可嗅到，格外清新。

木麻黃

中文名：木麻黃，又名牛尾松。
學　名：*Casuarina equisetifolia*
英文名：Horsetail Tree
原生地：澳洲和太平洋島嶼
花　期：四月至五月
果　期：七月至十月
介　紹：樹形瘦長，樹上掛滿綠色的條狀小枝。拾一條落在地上的小枝來觀察，會發現小枝分有六至八節，輕輕的折斷其中一節，留意斷口位置頂部，有些已退化的鱗狀葉。鱗狀葉能減少水分蒸發，令木麻黃更能適應乾旱環境。

馬纓丹

中文名：馬纓丹，又名如意草。
學　名：*Lantana camara*
英文名：Lantana
原生地：美洲
花期及果期：幾乎全年
介　紹：又名臭草。嗅嗅葉子，會嗅到陣陣綠豆沙的香味。馬纓丹幾乎全年開花，是蜜源植物的一種，為蝴蝶、蜜蜂等小昆蟲提供糧食。花有橙有黃有粉紅。果成熟時呈紫黑色。

連生桂子花

中文名：連生桂子花，又名馬利
　　　　筋。

學　名：*Asclepias curassavica*

英文名：Blood-flower, Blood-
　　　　flower Milkweed

原生地：熱帶美洲

花　期：一月至十二月

果　期：八月至十二月

介　紹：花狀似紙摺的星。花有紅
　　　　有橙，非常奪目。連生桂
　　　　子花在全年均能開花，屬
　　　　蜜源植物。

含羞草

中文名：含羞草

學　名：*Mimosa pudica*

英文名：Sensitive Plant

原生地：熱帶美洲

花　期：三月至十月

果　期：五月至十一月

介　紹：輕輕用手觸碰含羞草，小
　　　　葉片會立刻疊在一起，
　　　　捲收起來。此植物原生於
　　　　熱帶美洲，該地屬熱帶氣
　　　　候，雨量充足。為避免受
　　　　到雨水破壞，含羞草每當
　　　　接觸到外物，便自動將小
　　　　葉片捲摺，從而減少其表
　　　　面面積，減低傷害。

石栗

中文名：石栗，又名燭果樹。
學　名：*Aleurites moluccana*
英文名：Candlenut Tree,
　　　　Common Aleurites
原生地：馬來西亞及玻里尼西亞
花　期：四月至十月
果　期：十月至十二月
介　紹：石栗是香港常見行道樹，
　　　　駕車的讀者務必要留意
　　　　此樹。石栗果實幾近手掌
　　　　大，停泊車輛在此樹下，
　　　　汽車可能會被那重甸甸的
　　　　果實擊中。

五爪金龍

中文名：五爪金龍
學　名：*Ipomoea cairica*
英文名：Gairo Morning Glory,
　　　　Morning-glory
原生地：熱帶地區
花　期：五月至十二月
介　紹：旋花科植物，常見於沿岸
　　　　地區。與牽牛花有親屬關
　　　　係。五爪金龍是旋花科番
　　　　薯屬；牽牛花是旋花科牽
　　　　牛屬。兩者不同之處在於
　　　　葉片：五爪金龍的葉片為
　　　　五裂葉，基部兩片較小；
　　　　牽牛花葉片為三裂，位於
　　　　基部的兩片葉片呈心形。
　　　　不說不知，常吃的通菜也
　　　　是旋花科番薯屬，與五爪
　　　　金龍更有親緣。

一品紅

中文名：一品紅，又名聖誕花。
學　名：*Euphorbia pulcherrima*
英文名：Poinsettia
原生地：中美洲
花期及果期：十月至四月
介　紹：多栽種在公園和庭園。紅
　　　　色的其實不是花。花細
　　　　小，帶黃色，在紅色苞葉
　　　　中心。葉深綠色，苞葉
　　　　在花期圍著花漸漸轉為紅
　　　　色。每逢聖誕節，都可見
　　　　到一品紅的蹤影。

鐵海棠

中文名：鐵海棠
學　名：*Euphorbia milii*
英文名：Crown-of-thorns
原生地：馬達加斯加
花期及果期：全年
介　紹：莖肉質，有長而尖的硬
　　　　刺。莖的頂端長有細小的
　　　　花，由兩塊鮮紅色圓形苞
　　　　片圍著。

紫薇

中文名：紫薇
學　名：*Lagerstroemia indica*
英文名：Common Crape Myrtle,
　　　　Crape Myrtle
原生地：亞洲
花　期：六月至九月
果　期：九月至十二月
介　紹：花有多種顏色，白色、粉
　　　　紅色、粉紫色。花瓣看起
　　　　來有點像兒時做勞作的皺
　　　　紙。

木槿

中文名：木槿
學　名：*Hibiscus syriacus*
英文名：Rose of Sharon
原生地：中國中部
花　期：七月
介　紹：外形直立，可達五米高。但在香港的一般只有一至兩米高。花為鐘狀，顏色有白、粉紅、黃等。外形和扶桑相似。

朱槿

中文名：朱槿，又名扶桑、大紅花。
學　名：*Hibiscus rosa-sinensis*
英文名：Rose-of-China, Chinese Hibiscus
原生地：中國
花　期：全年
介　紹：生長迅速，花的形狀像一個大喇叭，中心有一條長長的花蕊。一般以紅色花為主，但也有橙黃、粉紅等其他顏色。

長春花

中文名：長春花
學　名：*Catharanthus roseus*
英文名：Rose Periwinkle
原生地：非洲東部
花　期：三月至十月
果　期：十月至十二月
介　紹：個子矮小，葉片有光澤。花有五片花瓣，像星形，細小可愛，有多種顏色，以粉紅色最常見。全株有毒，誤食可導致四肢麻痺。

朱纓花

中文名：朱纓花，又名紅絨球。
學　名：*Calliandra haematocephala*
英文名：Pink Powder Puff
原生地：南美洲
花　期：八月至九月
果　期：十月至十一月
介　紹：葉片細小，深綠色。花像個紅絨球，盛放時樹上彷彿掛著一個又一個火紅色的小毛球，極為美麗可愛。

軟枝黃蟬

中文名：軟枝黃蟬，又名黃蟬。
學　名：*Allamanda cathartica*
英文名：Allamanda
原生地：巴西
花　期：五月至八月
果　期：十月至十二月
介　紹：花朵茂密，顏色鮮艷，像一個黃色小喇叭，極具觀賞價值。整棵有毒，欣賞時切記小心。

夾竹桃

中文名：夾竹桃
學　名：*Nerium oleander*
英文名：Common Oleander
原生地：南美及中美洲
花　期：四月至九月
介　紹：花桃紅色，帶香氣。葉和莖的汁液有劇毒，可製殺蟲劑，人畜誤食可致命；而焚燒夾竹桃所產生的煙亦具毒性。夾竹桃能適應乾旱、潮濕或空氣污染的環境，能廣泛於不同地方種植，所以可種植於行人無法到達的行車路作綠化之用。

含笑

中文名：含笑
學　名：*Michelia figo*
英文名：Banana Shrub
原生地：巴西
花　期：三月至五月
果　期：七月至八月
介　紹：枝和葉柄上均披滿茸毛。葉表面有蠟質。小花為肉質，奶黃色，小巧可愛，花香似香蕉。

灑金榕

中文名：灑金榕，又名變葉木。
學　名：*Codiaeum variegatum*
英文名：Garden Croton
原生地：馬來半島、印度等熱帶地區
花　期：九月至十月
介　紹：葉的顏色和形狀多變，故名。葉的顏色有翠綠、紫、深紅等；葉形有波浪形、橢圓形，有的甚至像扭曲成螺旋狀。但不同色彩、不同形狀的葉片都帶金黃色斑點，十分搶眼。

雲南黃素馨

中文名：雲南黃素馨，又名雲南迎春。
學　名：*Jasminum mesnyi*
英文名：Yellow Jasmine
原生地：馬來半島、印度等熱帶地區
花　期：十一月至五月
果　期：八月至三月
介　紹：常綠藤狀灌木，枝長而柔弱，外形楚楚動人。花黃色，帶暗斑點，有微香。

狗尾紅

中文名：狗尾紅，又名狗尾草。
學　名：*Acalypha hispida*
英文名：Redhot Cat-tail
原生地：馬來西亞或東印度
花　期：二月至十一月
介　紹：葉呈橢圓形，深綠色而邊
　　　　緣呈鋸齒狀。火紅色的花
　　　　呈圓條形下垂，狀似小狗
　　　　尾巴。

垂花懸鈴花

中文名：垂花懸鈴花
學　名：*Malvaviscus arboreus*
　　　　var. penduliflorus
英文名：Sleeping Wax Mallow
原生地：墨西哥、巴西
花　期：幾乎全年
介　紹：長至差不多二十五厘米高
　　　　後，便會全年不斷開花。
　　　　花鮮紅色，外形與扶桑極
　　　　為相似，看似是未完全開
　　　　放的扶桑。

紅背桂

中文名：紅背桂
學　名：*Excoecaria cochinchinensis*
英文名：Red-back
原生地：亞洲東南部
花期及果期：幾乎全年
介　紹：葉面綠色，葉背卻是鮮艷
　　　　的紫紅色；喜愛潮濕和陽
　　　　光充足的環境。

桂花

中文名：桂花，又名木樨、九里香。
學　名：*Osmanthus fragrans*
英文名：Kwai-Fah
原生地：中國西南部
花　期：九月至十月
果　期：三月
介　紹：外表平凡，但淡黃色的小
　　　　花散發陣陣芬芳。桂花可
　　　　泡茶，更可製成糕點。

流浪牛 @ 流浪香港

「其實我的生命也很寶貴，我的生活也可以過得更有意義。」

據漁護署的數字，香港約有一千二百頭流浪牛（stray cattle），當中有九成是黃牛，其餘為水牛（buffalo）。流浪牛主要集中在西貢區，逾四百頭；其餘的

▲▲ 荒廢的農田

則分佈在大嶼山、大帽山一帶和新界東部和北部。近年漁護署開始為牛群進行遷移，把流浪牛遷移到西貢兩處地點，讓牠們自由地繼續生活，同時減少在原居地發生人牛衝突，例如交通意外。以下是一頭流浪牛的故事。

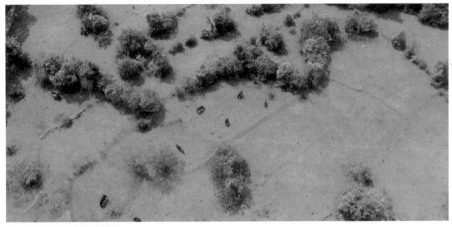

▲▲ 廢棄農田上的流浪牛

哞……哞……我是阿浪，屬金牛座，在大帽山附近的一個樹林裡出生，是名副其實的本地原居民。我和家人共八口在這裡一直過著安穩平靜、無憂無慮的生活……不，其實這裡並不是那麼平靜無憂……

▲▲ 初生小牛

回想兩年前的一天，我和其他族人如常地在大帽山附近吃草。突然，不知從何處跑來一群奇裝異服的怪物（後來爸爸告訴我對方是人類），他們把一個長方盒子面向我們，嚓嚓作響，閃光把我們弄得頭暈眼花。毫無防避下，其中一人更拉住哥哥的尾巴，想要捕捉牠，嚷著要把牠帶回家。為了拯救無辜的族人，我們只好向那些人大叫大喊，並作勢衝向他們。

他們見我們來勢洶洶，當然被嚇跑了。但事情並未告一段落。過不了多久，一群拿著網和槍的人殺氣騰騰地來找我們。和我們一同吃草的族長見形勢不對，馬上大喊：「快跑，獵人要捉我們呀！」聽罷，我們都很驚慌，只能沒命地向著樹林跑呀跑……

不知跑了多久，聽到再沒有動靜，我們才定個神來。我禁不住問爸爸：「人類為什麼要這樣待我們？」爸爸嘆一口氣，說：「很久以前，人類和我們是主僕關係。在你太公的年代，做牛的，哪像我們現在這般天天閒著沒事幹？那時他們每天都要忙著到田裡耕作。當時生活雖然艱苦，卻得到人類的尊重；和我們今天終日無所事事、見到人便跑的生活真是天壤之別！」爸爸頓了一頓說：「可惜，隨著香港六、七十年代工業起飛和農業式微，新界許多農田

▲▲ 牛糞是泥土養
分來源之一

都荒廢了，而牛隻也理所當然逃不過被遺棄的命運。當我們對人類來說已沒
有價值，雙方關係就再不一樣了。而大家也過著自己的生活。」

　　剛才一起逃亡的族長聽到我們的對話，也忍不住說：「不就是嘛！我們不
但無家可歸，終日流浪，有時還會遇上車禍，後果可大可小；一旦遇上被人類
捕捉，更可能落得被人道毀滅的下場。」
說到這裡，族長眼泛淚光慨嘆：「其實
我們黃牛並不是『大食懶』，而是勤勞
的象徵。我們和遠親——水牛，都很希
望可以重新得到人類的尊重，延續先祖
幫助人類耕種的重任和光輝歲月。」

　　現在香港都幾乎沒有農田了，僅
存的也完全被機械化，族長的願望也
多只是個夢。但我們一族牛食量驚人，
可控制雜草生長；即使我們低頭覓食
時驚動了躲藏在雜草間的小昆蟲，牠
們也逃不了多遠，就被好朋友牛背鷺

▲▲ 水牛

▲▲ 水牛和牛背鷺

（*Bubulcus coromandus*, Eastern Cattle Egret）吃掉，似乎我們也在造福其他動物呀！還有，我們的糞便充滿養分，對植物也有好處。

　　我們在大帽山一處流浪多年，都不見其他體型比我們更龐大的哺乳類動物或天敵，我們似乎就是這一帶的食物鏈頂層。「雖然主僕關係不再，但我們仍是默默為人類服務，只不過是換個形式吧！」我心裡想。聽說有幾位水牛遠親還被邀請到新界西北的濕地生活。牠們在濕地泥沼上打滾，造成不少窪地，為該處的動物製造更合適的生境。

　　族長那一席話，至今言猶在耳。怪不得在我們牛的世界裡，所有都屬金牛座。勤勞這個天賦的特質就是要讓我們世世代代和人類合作，耕種出各種糧食。只是，不知道聰明的人類又會否知道這個秘密和心願呢？

參考資料

流浪牛的分佈與荒廢耕地有直接關係，例如烏蛟騰（見本書〈荔枝窩〉一文）、赤徑、梅窩、荔枝莊、大帽山、塔門等（後三者見《生態悠悠行（增訂版）》）。牛隻大多性情溫馴，但遇上騷擾時會極具攻擊性。觀賞時請保持距離，尤其要注意有母牛看守的小牛。

蜻蜓點水

常聽說「蜻蜓點水」。究竟「蜻蜓點水」是什麼一回事？原來是雌性蜻蜓把尾部探進水中產出卵子！香港溪流、濕地眾多，是蜻蜓的理想生境，所以香港擁有十分豐富的蜻蜓品種。

蜻蜓屬於蜻蜓目（*Odonata*）昆蟲，全球共有六千三百二十種。本港共有一百一十多種，佔近百分之二。漁護署的蜻蜓工作小組在為期三年（二〇〇二年至二〇〇四年）的調查中，發現了五個新品種，其中閩春蜓屬蜻蜓（*Fukienogomphus cf. prometheus*）更是全球首次發現。

蜻蜓有一雙視力敏銳的複眼、咀嚼式口器和一對很短的觸角。牠們胸部短小，腹部修長，長有兩對透明膜質翅膀，飛行能力高。下雨前空氣濕度高，水分附於蜻蜓翅膀上，增加了翅膀重量，形成蜻蜓雨前低飛的情況。

🔺🔺 黑尾灰蜻

蜻蜓成蟲和幼蟲均是肉食性昆蟲。蜻蜓成蟲善於獵捕其他昆蟲,有助生態平衡。除了其他水棲昆蟲之外,蝌蚪(tadpole)、小魚苗也是牠的主食。蜻蜓幼蟲除了會捕食其他昆蟲外,有時甚至會捕食其他蜻蜓幼蟲。

蜻蜓有卵、幼蟲和成蟲三個成長階段,屬於不完全變態的昆蟲。蜻蜓幼蟲生活在水裡,靠腹部內的鰓來呼吸,透過慢慢吸水、排水以幫助呼吸。危急時只要排水即可快速前進,逃避敵人。隨著身體逐漸長大,幼蟲會經過好幾次的蛻皮,以便外骨骼生長。當幼蟲長大,牠們便會爬上岸邊或植物上羽化(emergence)。幼蟲牢牢抓住岩面或植物枝幹,成蟲從幼蟲的軀殼爬出。這時牠們的翅膀和軀體仍然很脆弱,所以牠們會躲在隱蔽地方直至骨骼完全硬化。經過這過程,幼蟲就可蛻變為成蟲。

▲▲ 豆娘

香港的蜻蜓品種相當豐富,當中更有不少是香港獨有。蜻蜓以捕食其他昆蟲為生,有助控制昆蟲數量,避免牠們大量繁殖;蜻蜓也是雀鳥等動物的食糧。可見蜻蜓是食物鏈中的重要一環。

蜻蜓幼蟲只能生長在水質清澈的地方，惟有好好保護水源，蜻蜓方能健康地繁殖下去。

沙羅洞被譽為蜻蜓天堂，被發現的品種多達七十二個，佔香港總品種數的五成！如果想觀看蜻蜓，又嫌沙羅洞偏僻，你也可在一般溪流或濕地細心觀察，說不定你也能發現新品種呢！

參考資料　大埔滘、沙羅洞、鹿頸、林村和梧桐寨（後三者見《生態悠悠行（增訂版）》）都是觀賞蜻蜓的好地點，當中以大埔滘和沙羅洞最為著名。

活化石——鱟

　　鱟，一般叫馬蹄蟹（horseshoe crab），是一種在熱帶和溫帶水域生活的海洋動物，早在四億四千五百萬年前已經在地球出現，比恐龍還要早二億三千萬年。如果你在博物館見過鱟的化石，會發現牠們的形態跟現在存活的幾乎一樣。幼鱟的形態也跟已滅絕的三葉蟲（trilobite）十分相似。鱟是現存動物品種中最為古老的其中之一，所以有活化石（living fossil）之稱。當今存活的鱟有四個品種，形態相近，分別是中國鱟（*Tachypleus tridentatus*, Chinese Horseshoe Crab，又名 Tri-spine Horseshoe Crab）、圓尾鱟（*Carcinoscorpius rotundicauda*, Mangrove Horseshoe Crab）、南方鱟（*Tachypleus gigas*, Southern Horseshoe Crab，又名 Malaysian Horseshoe Crab）和美洲鱟（*Limulus polyphemus*, American Horseshoe Crab）。前兩者在香港亦可以找到；南方鱟多在東南亞國家；而美洲鱟則分佈在美國東岸。

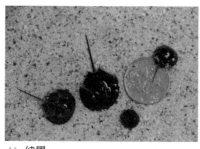
▲▲ 幼鱟

▲▲ 野生的鱟

▲▲ 鱟的化石

身體結構

鱟樣子怪怪，有人說牠像異形，身體像披上盔甲。牠這副奇怪樣子幾億年不變，卻幫助牠們逃過多次地球大規模物種滅絕。鱟的身體分為頭胸部（prosoma）、腹部（opisthosoma）和尾部（telson）三部分。頭胸部外圍形狀像馬蹄鐵，馬蹄蟹名字由此而來。但其實鱟跟蟹沒有關係，他們反而是蜘蛛的近親，有著類似的身體結構。

▲▲ 鱟的六對節肢

鱟有六對節肢。第一對是螯肢（chelicerae），又短又細，形態像一對蟹螯，用於進食。最後一對節肢是泳足（pusher leg），末端有葉狀瓣，可稍為幫助游泳。泳足更常用於挖沙躲藏。挖沙時，鱟用泳足向後撐著，推進身體向前和向下挖，不消一會便藏進沙堆。其餘四對節肢是步足（walking leg），用於步行、獵食和挖沙。

鱟以海洋生物和腐肉作食物。蜆、魚、蝦等都是牠們最喜愛的食物。鱟的口位於腹面中央，四周長纖毛。進食時，鱟用步足把食物抱住，再用螯肢把食物推進口中。口中的纖毛會協助把食物磨碎，再送入體內繼續消化。

▲▲ 正在進食蜆肉的鱟

鱟用鰓呼吸。鰓有五對，在腹部腹面，被一塊生殖厴（genital operculum）所覆蓋，形似數頁書，所以叫書鰓（book gill）。只要書鰓保持濕潤，就可繼續呼吸，所以鱟在海岸交配和產卵時，也可以生活自如。書鰓除了用作呼吸外，游泳時亦經常用到。書鰓是強而有力的推進器，只要大力拍動，在水中向上游，甚至是進行翻滾也不是問題。

留意一下鱟的尾巴，長度幾乎是頭胸部和腹部加起來的長度。這個先天的設計是何其奇妙。別看鱟的殼堅硬無比，牠的腹面非常柔軟，是一大弱點。如果在泥灘上不幸反轉了，就很容易成為雀鳥啄食的目標；書鰓也容易被太陽直接照射或吹乾，令鱟不能呼吸。尾巴這麼長，就是為了協助身體翻轉。只要向後拗拗腰，剩下尾巴尖端和頭胸部前緣撐著地面，身體就容易向一邊翻過去。在水中，鱟翻身時不停拍動書鰓推進，這動作更易完成。不過如果尾部因某些原因生得比較短小或彎曲，那就不容易翻身了。

周身是寶

別看鱟灰黑黑的，牠周身是寶。鱟的複眼很大，視覺神經又發達，容易被用於科學研究。一九六七年，美國生理學家哈特蘭（Dr. Haldan Keffer Hartline）藉著研究鱟的複眼而獲得諾貝爾生理學／醫學獎。鱟的另一特點是牠淺藍色的血，當中含有很高的銅。血本來是近乎透明的，但抽出來後跟空氣接觸氧化，成了淺藍色。血液中含有一種特別的細胞，可以製成鱟試劑（Limulus amebocyte lysate, LAL）作無菌檢測之用，有很高的醫學和經濟價值。在美國，美洲鱟數量比較多，當地有科研公司大規模蒐集野外的鱟到實驗室，抽取體重三分一的血液，之後把牠們放歸野外。經過一段時間後，美洲鱟又可再次「捐血」。以這樣的方法生產鱟試劑，對大自然和人類都有好處，可說是綠色經濟（green economy）的一個好例子。

人類的威脅

鱟身經百戰，在自然界中經歷多次浩劫仍能生存下來。但荒謬的是，面對人類威脅，鱟卻沒有這麼幸運。鱟在香港，以至世界很多地方，都有絕種的危機。據二〇一二年進行的一項調查，香港現存的幼鱟不足一萬隻。鱟在世界各地都受到威脅，當中有兩大原因。第一，海岸發展令鱟失去棲息地。泥灘是幼鱟的生長地和成年鱟交配的地方，海岸發展和填海令牠們失去生境。過去在吐露港、赤鱲角、東涌和附近的鱟殼灣亦有鱟出現的紀錄，但現時已幾近沒有發現。

▲▲ 泰國南部某餐廳的菜單。鱟卵沙律售四百五十元泰銖（菜單左上方），較其他類似菜式昂貴。菜單左下方可見該菜式的圖片。

第二個瀕危原因是人類捕食。雖然西貢海鮮酒家有鱟出售，但買來烹煮的人並不多，海鮮酒家擺放鱟出來都是招徠顧客居多。捕食鱟在香港並非其瀕危主因。但在泰國、馬來西亞、越南等東南亞國家，食用鱟乃常見事。餐廳，甚至是街頭也有售賣不同烹煮方法的鱟。

鱟的成長過程緩慢，需要十多年時間才發育至成年。鱟在泥灘產下數萬至上十萬的卵，但不少即成為雀鳥的食物。即使成功孵化，初生幼鱟的體積與打孔機打出來的紙孔差不多，牠們也是雀鳥上佳的點心。能夠生存下來的，亦要經歷多次脫殼（molt）才可慢慢成長。馬蹄蟹與蝦蟹等甲殼類動物一樣，外殼不會長大。每次脫殼，體積會增大約三分一。脫殼期間和之後的時間是鱟最容易受到攻擊的時候。而且脫殼過程不一定成功。如果脫殼失敗，節肢卡在舊殼裡，鱟也會死亡。從以上種種可見，鱟的一生都充滿風險。在自然界裡，鱟能夠生

長至成年的機會率只有萬分之一，所以每隻成年鱟都是幸運兒。海岸發展和人類捕食更加速了鱟的滅絕：幼鱟失去生境，稍大的則被捕食。

▲▲ 剛脫殼的鱟和其脫殼

　　鱟的生長時期很長，而成年鱟又活在大海裡，科學家對鱟的認識實在非常有限。科學家每隔兩三年就會聚首一堂，分享各地的研究數據。筆者有幸參與二〇一一年和二〇一七年在香港和曼谷舉行的科研會議，會上各地科學家討論、分享鱟的存活數據。假如沒有數據，根本無法客觀支持鱟瀕危的事實，迫使各地政府立例管制捕捉、售賣和破壞其生境的行為。幸好在科學家的努力下，中國鱟於二〇一九年初被列入國際自然和自然資源保育聯盟的紅色名錄（Red List），反映其瀕危（endangered, EN）狀況，跟東北虎、亞洲象等動物「齊名」。這亦是繼美洲鱟於二〇一六年被列為易危（vulnerable, VU）後第二個受評級

▲▲ 二〇一一年於香港舉行的國際馬蹄蟹保育會議

的鱟品種。但圓尾鱟和南方鱟自一九九六年起被列為「數據缺乏」（data deficient, DD），仍需科學家繼續努力。而且，列為瀕危後，亦需要當地政府立法規管和保育，並透過公眾教育喚起大眾關注。

　　下次見到野生鱟時，切記不要騷擾牠們。幼鱟尤其脆弱，身體如紙張般薄。如果鱟在泥灘上翻轉了身體，或書鰓缺乏水分，也請你幫一把，協助牠翻好身體，或放回水裡。這些行動都有助這些小生命增加一點點存活機會，繼續繁衍下去。

我們身旁的小昆蟲——蝴蝶

　　我們自小就認識蝴蝶，無論是從書本還是公園都能找到這色彩斑斕的小昆蟲的芳蹤。蝴蝶特別喜歡在春夏之時，在花草叢林之間隨處飛舞，為四周環境添上一份活潑的氣息。

　　蝴蝶一向帶有優美的感覺，是重生和生命力的代表。因為蝴蝶在春天萬物甦醒的時候出現，為剛離開寒冬的大自然添上一點色彩和生氣；亦因為牠們由幼蟲蛻變為蝴蝶時需要經過破蛹這步驟，我們就認定蝴蝶是象徵重生。

▲▲ 蝴蝶正吸食白花鬼針草的花蜜

外形結構

蝴蝶有如此嬌艷絢麗的外表，全因牠們的翅膀長滿細小的鱗片。這些

▲▲ 虎斑蝶

排列有序的鱗片，在陽光下反射出耀目色彩。長大後的蝴蝶，身體結構和其他昆蟲並無什麼大分別，都是由頭、胸、腹三個部分組成。蝴蝶頭部有一對複眼、一雙觸角和一柄吸管，用以吸食花蜜；胸部長有兩對翅膀和三對腳。

每逢繁殖季節，雌性蝴蝶便會在隱蔽的葉底產卵，每次可產數十至數百顆卵，可以是獨生或叢生。數天至個多星期後，卵便會孵化成幼蟲。幼蟲以自己的卵殼和葉片裹腹，不斷蛻皮成長，最後成蛹。經過羽化的過程後破蛹而出，成為我們常見的蝴蝶。

生態角色

蝴蝶跟其他昆蟲一樣都是生態系統的一部分，對其他動植物非常重要。蝴蝶天生是開花植物傳宗接代的好幫手。和其他以花蜜為主要食糧的昆蟲一樣，在花間採蜜時，身體沾上花粉，再帶到另一朵花。不同品種的蝴蝶以不同的花蜜作為主要食糧，因此各種開花植物也會有特定的蝴蝶為它們傳播花粉，失去了其中一種蝴蝶，那就麻煩大了。

▲▲ 黃襟蛺蝶　　　　　▲▲ 報喜斑粉蝶

另一方面，蝴蝶也是不少動物的食物。青蛙、蜥蜴、雀鳥等都會捕食蝴蝶。為了避開捕獵者，有些蝴蝶會長出跟大自然很相近的鱗片，枯葉蛺蝶（*Kallima inachus*, Orange Oakleaf）便是一個好例子。有的則在翅膀上長出大眼睛的斑紋，嚇走捕獵者。有些蝴蝶幼蟲甚至以有毒植物為食糧，讓體內積存毒素，令貪吃的動物得到教訓。

蝴蝶在整個生態系統和食物鏈中有重要的角色，如果因為人為災害而失去牠們，那整體生態系統將會面對重大的危機。

香港蝴蝶的命運

城市急速發展，郊野被開發和破壞，蝴蝶的生境日漸減少。全球一萬六千種蝴蝶中，香港約有二百四十種，佔全球百分之一點五；過去十數年也不時有南遷斑蝶在屯門和大欖過冬，數目有時可達數萬隻，可見香港在蝴蝶生態的地位實在不容忽視。近年來很多環保團體和有心人士積極保護蝴蝶的生存空間，也舉辦活動引起大眾關注。蝴蝶的命運取決於我們。下回見到蝴蝶，請花點時間認識一下這嬌艷可愛的小昆蟲。

▲ 棕灰蝶

▲ 報喜斑粉蝶

參考資料

大埔滘、沙羅洞、鳳園和梧桐寨（見《生態悠悠行（增訂版）》）都是賞蝶好地點。大埔滘野外研習園更是攝影愛好者天堂。《生態悠悠行（增訂版）》中設有專題介紹蝴蝶品種。

麻雀雖小，保護不能少

香港有什麼野生動物？黑臉琵鷺？猴子？蟒蛇？赤麂？其實野生動物不一定遠在天邊，牠們也可近在眼前，有時甚至在窗前也可觀賞到呢！常常唧唧叫的麻雀（sparrow）就是其中一個例子。大家肯定對麻雀都不會陌生，但你又曾否好好觀察過牠的一舉一動？除了「小巧」、「麻雀雖小，五臟俱全」等形容詞，你又是否能說得出牠的特徵？

麻雀學名為 *Passer montanus*，屬於雀形目（Passeriformes）的雀科（*Passeridae*）。牠們的身體長約十五厘米，翅展長約二十五厘米；褐頭白面，嘴和面頰旁共有三點黑斑。麻雀主要分佈在歐亞大陸，東亞區域也有牠們的蹤跡。在東亞，麻雀不但棲身於郊區和森林，也時常在城市生活，可說是與人共居的雀鳥。麻雀常常在建築物的隙縫、屋簷下，或是通風口處築巢，故在台灣又名厝鳥。

麻雀喜歡在非繁殖期成群活動。在城市生活的麻雀似乎習慣於垃圾房前覓食，除了昆蟲和蔬果，也食用人們的包點和剩飯剩菜。在自然環境，成年麻雀以草籽、蟲子為主要食糧；雛鳥則以昆蟲或幼蟲為主。麻雀會吃掉害蟲，維持生態平衡；牠們會咬碎堅固的果實，間接傳播難以消化的種子。一九五〇年代，中國內地曾有大型殺滅麻雀計劃，結果導致生態失衡，農產失收。事實上，麻

雀控制害蟲繁殖，不但無害，反而有益。

麻雀腿上的末端有長長的屈肌和筋腱，延伸到趾尖，肌肉收縮的時候能抓緊東西，筋腱拉緊時，爪子則會緊握成拳頭狀，把東西鎖得牢牢的。每年約三月份，麻雀會找尋羽毛和乾草築巢。麻雀父母會輪流孵蛋，約兩星期後，孵出雛鳥。雛鳥約二十五天後即可離巢自立。麻雀最大的天敵是蛇、貓和老鼠。牠們不但偷吃麻雀的蛋，還會捕獵麻雀。

不只香港，麻雀在不少城市都是最常見的雀鳥，深得人們的喜愛。人們喜愛麻雀可愛的樣子，也佩服牠們擁有頑強的生命力，無處不在，與人們共同成長。為了保護麻雀，北京市林業局於二〇〇三年七月發佈禁止食用陸生野生動物的名錄，而麻雀、斑鳩等一千八百種陸生野生動物都列在其中。

香港約有三十萬隻麻雀，似乎未受到城市發展威脅，但我們也不能忽視這「五臟俱全」的小傢伙，應未雨綢繆，想辦法保護野生動物，而不是在生態失衡後才亡羊補牢。除了要保護麻雀及其棲息地，亦應喚起大眾對麻雀的關愛，不應將牠們視作可有可無的雀鳥，因為每個物種在大自然都有其不可或缺的位置和貢獻。

麻雀，無論是生態價值或可愛外觀，都值得重視。

參考資料

在市區隨處都可以找到麻雀。九龍公園和九龍寨城公園（見《生態悠悠行（增訂版）》）都是舒適的觀賞點。

表裡不一——麻鷹

　　相信大家兒時都玩過「麻鷹捉雞仔」這遊戲。「雞仔」理所當然地、怯生生的躲避一臉兇狠的「麻鷹」；但原來在大自然裡，麻鷹這種猛禽亦有其溫柔一面。

　　麻鷹在香港頗為常見，學名叫黑鳶，屬於鷹科的隼形目。麻鷹體長約六十厘米，體重可達一公斤；翼展可達一點五米，翼下有白斑，尾部略為分叉，面頰帶深褐色。麻鷹有大面積的翅膀，但飛翔時不用多花氣力拍翼。因

為麻鷹是滑翔高手，常盤旋飛行，向前移動的動力就是來自下跌的衝力。如果遇上上升氣流，還可以飛得更高。偶爾，幾隻麻鷹會一起在山谷附近盤旋，彷彿在利用由山谷上升的熱氣流玩遊戲呢！

　　麻鷹是掠食性鳥類，主要食糧為魚類。為方便捕食，牠們多棲息於水體附近的樹林。彎彎的喙部、強壯鋒利的爪，加上銳利的視力，令麻鷹擁有兇猛捕獵者一擊即中的特質。在食物短缺或需要額外食物餵哺雛鳥時，麻鷹才會主動活捉體形較小的哺乳類和爬蟲類。雖然如此，麻鷹日常多只盤旋於河、塘或海附近，捕獵魚、老鼠或撿拾腐肉。在香港，麻鷹也是堆填區常客，趁垃圾尚未掩埋前急急覓食。故此，麻鷹是大自然中的清道夫。

　　麻鷹看來兇悍冷傲，卻是對感情專一的模範夫妻：牠們不但實行一夫一妻制，而且若非伴侶死亡，牠們不會「另結新歡」。麻鷹更是含辛茹苦的好父母。每次產蛋一至兩隻，便會不辭勞苦地尋找足夠食物哺育幼兒，還會無微不至地照顧牠們。縱然雀鳥的羽毛弄濕不便飛行，更需要花很多時間整理，麻鷹父母還是會在下雨時用自己的身體為雛鳥擋雨，可見麻鷹父母對子女的關愛。

▲▲ 乘著氣流滑翔

麻鷹是群居動物，就算在築巢時有霸佔領土行為或偶爾為爭奪食物打架，也會點到即止，很少同類相殘。麻鷹除了以樹枝築巢，有時更會就地取材，啣來人類垃圾，如舊報紙、紙巾、勞工手套等來做巢的墊料，實在是廢物循環再用的佼佼者。可見本地麻鷹雖不似台灣和中國內地的被人們射殺或視作野味，但也受到城市化影響。

海洋污染減少了魚類數量，影響麻鷹的食物源；海水中的污染物令麻鷹的食物——魚類——死亡；生活在受污染海水的魚類體內的毒素積聚，處於食物鏈頂端的麻鷹進食後，毒素亦會進入身體，危害牠們的健康；污染物亦可以令麻鷹蛋殼偏薄和容易破裂，導致幼兒夭折，嚴重影響繁殖；砍伐林木發展土地會破壞麻鷹的棲息地；大廈玻璃幕牆和公路隔音屏有時也害得麻鷹迎頭撞上。

無論在自然界或人類社會中，麻鷹的角色都舉足輕重。牠們充當「清道夫」角色，有助抑制鼠患。對於這種貢獻良多、外剛內柔的雀鳥又怎能袖手旁觀？

▲▲ 在都市中與我們一起生活的麻鷹

參考資料

盧吉道、馬屎洲和釣魚翁（見《生態悠悠行（增訂版）》）都是觀賞麻鷹的熱點。在盧吉道，甚至可見麻鷹在中上環一帶的高樓中滑翔穿插。

索引

植物通常有多個名稱：學名（scientific name）、英文名（common name）、中文名、別名等。學名以屬（genus）和種（species）組成，都是拉丁文。如 *Acacia confusa*（臺灣相思）中，*Acacia* 指相思屬，*confusa* 指品種；而 *Acacia mangium*（大葉相思）中，*mangium* 亦是指品種。由於臺灣相思與大葉相思均為相思屬，故用同一個屬名 *Acacia*。

由於各地區或會對同一品種的植物給予不同的英文名或別名，而一些不常見的植物甚至沒有英文名或別名，故學名是唯一可以國際通用的植物名稱。動物的命名大致與植物相同。

中文名	學名／正式名稱	俗名	頁數
下游	lower course		64, 172, 282, 289
下滲	infiltrate		314
土地利用	landuse		102
土沉香（牙香樹、白木香）	*Aquilaria sinensis* (Lour.) Spreng	Incense Tree	66, 71, 146, 263, 320, 334
土壤孔隙	pore space		314
大花紫薇	*Lagerstroemia speciosa*	Queen Crape Myrtle	89, 90
大青	*Clerodendrum cyrtophyllum*	Mayflower Glorybower, Mayflower Gloryberry	326
大腸桿菌	*Escherichia coli*		123, 289
大頭茶	*Gordonia axillaris*	Hong Kong Gordonia	221, 222, 252, 253, 326
小白鷺	*Egretta garzetta*	Little Egret	68, 69, 199, 202
小花鳶尾	*Iris speculatrix*	Hong Kong Iris	190, 191
小葵花鳳頭鸚鵡	*Cacatua sulphurea*	Yellow-crested Cockatoo	160
山大刀（九節）	*Psychotria asiatica*	Wild Coffee, Red Psychotria	285, 325
山油柑（降真香）	*Acronychia pedunculata*	Acronychia	335
山指甲（小蠟樹）	*Ligustrum sinense*	Chinese Privet	335
四畫			
中國鱟	*Tachypleus tridentatus*	Chinese Horseshoe Crab, Tri-spine Horseshoe Crab	357, 361

中文名	學名／正式名稱	俗名	頁數
木槿	*Hibiscus syriacus*	Rose of Sharon	346
木欖	*Bruguiera gymnorrhiza*	Many-petaled Mangrove	48, 49, 142, 241
毛菍	*Melastoma sanguineum*	Bloodred Melastoma	326, 329
水力作用	hydraulic action		110, 193
水土流失	soil erosion		151, 249, 336
水井	well		75
水牛	buffalo		350, 352, 353
水花	foam		109
水鳥	waterbird		27, 50, 51, 199, 211, 213
水螅綱	Class Hydrozoa		237
火力發電廠	thermal power station		123
火山岩	volcanic rock		116, 197
火成岩	igneous rock		106, 107, 114, 188
火殃簕（玉麒麟）	*Euphorbia antiquorum*	Fleshy Spurge	127
火炭母（五毒草）	*Polygonum chinense*	Chinese Knotweed, Smartweed	327
火龍果	dragon fruit		68
牛背鷺	*Bubulcus coromandus*	Eastern Cattle Egret	352, 353
牛眼馬錢	*Strychnos angustiflora*	Narrow-flowered Poisonnut	262
五畫			
凹葉紅豆	*Ormosia emarginata*	Emarginate-leaved Ormosia, Shrubby Ormosia	327

中文名	學名／正式名稱	俗名	頁數
可供生產之土地	biologically productive land		303
外來植物	exotic plant		38, 157, 336
外露層	emergent layer		163
市區公園	urban park		102
幼孢子體	sporphyte		261
幼蟲	larva		235, 355, 356, 362, 363, 364, 365
生物多樣性	biodiversity		35, 140, 319
生產者	producer		215
生殖厴	genital operculum		359
生態系統	ecosystem		8, 14, 38, 39, 45, 55, 65, 71, 97, 135, 175, 187, 201, 207, 215, 245, 262, 276, 277, 279, 289, 291, 313, 318, 322, 324, 363, 364
生態足印	ecological footprint		303, 304
生態旅遊	ecotourism		9, 10, 12, 13, 14, 15, 16, 17, 18, 21, 22, 23, 52, 63, 103, 130, 145, 150, 187, 275, 279, 287, 304, 308, 312, 316
甲烷	methane, CH_4		120, 121
白千層	*Melaleuca quinquenervia*	Paper-bark Tree, Cajeput-tree	152, 153, 204, 250, 255, 339
白花魚藤	*Derris alborubra*	White-flowered Derris	274, 279

中文名	學名／正式名稱	俗名	頁數
白花燈籠（鬼燈籠）	*Clerodendrum fortunatum*	Glorybower, Gloryberry	329
白堊紀蒲台花崗岩	Cretaceous Po Toi Granite		107
皮層	upper cortex		58
石灰	lime		67, 71, 239
石珊瑚	hard coral		228
石英	quartz, SiO$_2$		107, 132
石栗（燭果樹）	*Aleurites moluccana*	Candlenut Tree, Common Aleurites	84, 85, 344
立方水母綱	Class Cubozoa		237
六畫			
伏石蕨	*Lemmaphyllum microphyllum*		58
光合作用	photosynthesis		38, 58, 87, 97, 100, 148, 150, 163, 228, 237, 322
共生光合生物層	photobiont layer		58
光污染	light pollution		175
光度計	lux meter		175
全球定位系統	global positioning system, GPS		123, 265
共生	symbiotic		317
印度橡樹（印度榕）	*Ficus elastica*	India-rubber Tree	60
合果芋（綠精靈、白斑葉、白蝴蝶）	*Syngonium podophyllum*	African Evergreen	96
向岸風	onshore wind		116
地下莖	rhizome		169
地衣	lichen		57, 58, 148, 149, 163, 164, 317, 318

中文名	學名／正式名稱	俗名	頁數
地形／地貌	landform		109, 111, 114, 116, 133, 135, 171, 188, 193, 197, 221, 232, 271, 283
地理資訊系統	geographic information system, GIS		82, 187, 299
地殼	crust		106, 107, 132, 133
地菍	*Melastoma dodecandrum*	Twelve Stamened Melastoma	327
地幔	mantle		106
年輪	tree ring		151, 152
成蟲	imago		235, 355
有機	organic		143, 151
朱槿（扶桑、大紅花）	*Hibiscus rosa-sinensis*	Rose-of-China, Chinese Hibiscus	98, 346, 349
朱纓花（紅絨球）	*Calliandra haematocephala*	Pink Powder Puff	347
次生	secondary growth		319
次生樹林	secondary forest		146, 276
污染物	pollutant		43, 121, 203, 221, 253, 313, 335, 369
竹	bamboo		66, 74, 320
羊耳菊（白牛膽）	*Inula cappa*	Elecampane	328
羽化	emergence		355, 363
老鼠簕	*Acanthus ilicifolius*	Spiny Bears Breech	49, 141, 145, 200, 264
耳果相思（耳葉相思）	*Acacia auriculiformis*	Ear-leaved Acacia	340

中文名	學名／正式名稱	俗名	頁數
血桐	*Macaranga tanarius*	Elephant's Ear, Common Macaranga	85, 328
行道樹	roadside tree		83, 84, 88, 90, 92, 318, 335, 344
七畫			
克氏茶（紅皮糙果茶）	*Camellia crapnelliana*	Crapnell's Camellia	61, 146, 155
含笑	*Michelia figo*	Banana Shrub	348
含羞草（怕羞草）	*Mimosa pudica*	Sensitive Plant	39, 343,
吹穴	blow hole		111, 188, 193
吹程	fetch		109
夾竹桃	*Nerium oleander*	Common Oleander	347
尾部	telson		358
抗蝕力	resistance		116, 170, 230, 232, 292
步足	walking leg		358
沉積岩	sedimentary rock		107, 114, 131, 132, 133, 227, 228, 235, 271
沖溝	gully		119, 123
沙咀	spit		283
芋	*Colocasia esculenta*	Taro	169, 170
八畫			
亞硝酸鹽	nitrite		203
亞熱帶	subtropical zone		277
具特殊科學價值地點	Site of Special Scientific Interest		135, 140, 141, 255, 267, 311, 312
刺冠海膽	*Diadema*		245

中文名	學名／正式名稱	俗名	頁數
刺胞動物門	Phylum Cnidaria		237
刺葵	*Phoenix hanceana*	Spiny Date Palm	297
呼吸根	pneumatophore		42, 43
固氮	nitrogen-fixing		316, 340
坡度	gradient		123, 170
孢子	spore		57, 58, 260, 261
孢子囊	sporangia		57, 97
岩池（潮池）	rockpool, tide pool		133, 135, 235
岩漿	magma		106, 107
岬角	headland		197, 283, 292
底生層	undergrowth		162, 163, 167
底棲短槳蟹	*Thalamita*		245
承載能力	carrying capacity		45
拉因素	pull factor		123, 187
拉姆薩爾公約	Ramsar Convention		212
招潮蟹	fiddler crab		50, 51, 52, 142, 143, 199, 211, 267
易危	vulnerable, VU		155, 361
東風草（大頭艾納香）	*Blumea megacephala*	Big-flowered Blumea	328
松樹	pine		87, 317
板根	buttress root		157
林木分層	forest stratification		149, 157, 162, 163, 279
林場	tree farm		150
泥土踐踏	soil trampling		314, 315
泳足	pusher leg		358
狗尾紅（狗尾草）	*Acalypha hispida*	Redhot Cat-tail	349
社會經濟地位（社經地位）	socio-economic status		45

中文名	學名／正式名稱	俗名	頁數
空中照片	aerial photograph		55, 92, 114, 119, 123
空氣污染	air pollution		43, 45, 120, 121, 123, 220, 221, 253, 317, 347
肥力	fertility		314
肥料	fertilizer		67
花崗岩	granite		106, 107, 108, 112, 114, 116, 314
花園中的城市	a city in a garden		102
花園城市	garden city		102
長石	feldspar		107
長尾獼猴	*Macaca fascicularis*	Longtailed macaque	251
長春花	*Catharanthus roseus*	Rose Periwinkle	346
青果榕（無花果）	*Ficus variegata var. chlorocarpa*	Common Red-stem Fig	94, 95
青銅器時代	Bronze Age		299
九畫			
侵入性火山活動	intrusive vulcanicity		106
侵蝕	erode		108, 110, 117, 119, 132, 170, 188, 189, 193, 225, 230, 232, 233, 245, 289, 292
侵蝕（侵蝕作用）	erosion		106, 110, 111, 117, 135, 172, 188, 197
冠層	canopy layer		162, 163, 167

中文名	學名／正式名稱	俗名	頁數
飛灰	fly ash		123
食物鏈	food chain		142, 215, 257, 318, 353, 355, 364, 369
香魚	*Plecoglossus altivelis*	Ayu	140, 141
香港大沙葉（茜木、滿天星）	*Pavetta hongkongensis*	Hong Kong Pavetta, Pavetta	329
香港鳳仙	*Impatiens hongkongensis*	Hong Kong Balsam, Touch-me-not	146, 154
香港聯合國教科文組織世界地質公園	Hong Kong UNESCO Global Geopark		130
十畫			
流浪牛	stray cattle		218, 350, 353
候鳥	migratory bird		210, 215
原生植物	native plant		94, 95, 140, 157, 276, 285, 319, 320, 325, 333
宮粉羊蹄甲	*Bauhinia variegata*	Camel's Foot Tree	333
書鰓	book gill		359, 361
核心石	corestone		117
核果螺	*Drupella*		245
根瘤菌	rhizobia		316, 317
桂花（木樨、九里香）	*Osmanthus fragrans*	Kwai-Fah	349
桃金娘（崗稔）	*Rhodomyrtus tomentosa*	Rose Myrtle, Downy Rosemyrtle	329

中文名	學名／正式名稱	俗名	頁數
桐花樹	*Aegiceras corniculatum*		42, 48, 49, 240, 241
氣根	aerial root		43, 60, 95, 96, 328, 332
氣溫	air temperature		102, 162, 167, 257
氧氣	oxygen		100, 163, 316
氨（阿摩尼亞）	ammonia		203
海杧果	*Cerbera manghas*	Cerbera	41, 89, 90, 137, 261, 262
海芋	*Alocasia odora*	Giant Alocasia, Alocasia	170, 329
海岸公園	marine park		228, 235, 236, 237, 238, 239, 268
海金沙	*Lygodium japonicum*	Climbing Fern	57, 58
海桑	*Sonneratia caseolaris*		200, 207
海葵	*Sea anemone*		133, 237
海漆	*Excoecaria agallocha*	Blind-your-eye	41, 48, 49, 241
海蝕平台	wavecut platform		109, 110, 111, 135, 188, 193, 194, 230, 231
海蝕拱	sea arch		111
海蝕柱	sea stack		111, 232, 233
海蝕洞	sea cave		111, 188, 189, 193, 282
海蝕崖	sea cliff		109, 110, 111, 114, 188
海蝕淺洞	notch		232
海蝕隙	geo		105, 110, 111, 188, 189, 193

中文名	學名／正式名稱	俗名	頁數
商業中心區	central business district, CBD		102
基圍	*gei wai*		71, 207, 208, 212, 213, 214, 215, 304
寄生植物	parasitic plant		162, 322
巢蕨	*Neottopteris nidus*	Bird-nest Fern	58, 97
常綠	evergreen		88, 253, 285, 338, 348
推因素	push factor		123, 187
梔子（蟬水橫枝、水橫枝）	*Gardenia jasminoides*	Cape Jasmine	327
條紋斑雜凝灰岩	eutaxitic tuff		197
梭羅樹	*Reevesia thyrsoidea*	Reevesia	58, 59
深成岩	plutonic rock		106
混濁度	turbidity		135, 289
清白招潮蟹	*Uca lactea*		50
盛行風	prevailing wind		116, 119, 188, 197
硫	sulphur		120
第三級消費者	tertiary consumer		215
粗腿綠眼招潮蟹	*Uca crassipes*		50, 260
細胞壁	cell wall		39, 151, 152
細葉榕	*Ficus microcarpa*	Chinese Banyan, Small-fruited Fig	60, 89, 95, 96, 332
缽水母綱	Class Scyphozoa		237
脫殼	molt		360, 361
軟岩層	soft rock		170
軟枝黃蟬（黃蟬）	*Allamanda cathartica*	Allamanda	347

中文名	學名／正式名稱	俗名	頁數
連生桂子花（馬利筋）	*Asclepias curassavica*	Blood-flower, Blood-flower Milkweed	343
連島沙洲	tombolo		104, 105, 127, 128, 129, 130, 135
野牡丹	*Melastoma candidum*	Common Melastoma	329, 330
魚尾葵	*Caryota ochlandra*	Fishtail Palm	97
麻雀	*Passer montanus*	sparrow	99, 365, 366
十二畫			
鉤吻（胡蔓藤、斷腸草）	*Gelsemium elegans*	Gelsemium, Graceful Jesamine	262, 332
喙	bill		33, 210, 368
喜蔭	shade-loving		148
喜鵲	*Pica pica*	Common Magpie	213
圍村	walled village		14, 72, 74, 75, 82
斑茅	*Saccharum arundinaceum*	Reed-like Sugarcane	297
棕地	brownfield		307
森林	forest		38, 87, 88, 99, 146, 148, 149, 150, 158, 162, 163, 249, 257, 303, 304, 305, 319, 322, 365
植林	afforestation		153, 157, 249, 250, 257, 320, 336, 337, 339, 340, 341

中文名	學名／正式名稱	俗名	頁數
植被	vegetation		110, 114, 116, 119, 120, 123, 146, 197, 257, 284, 314
無機物	inorganic matter		151
猴耳環	*Archidendron clypearia*	Monkeypod	330
硝酸鹽	nitrate		203
硬岩層	hard rock		170
紫薇	*Lagerstroemia indica*	Common Crape Myrtle, Crape Myrtle	345
結晶	crystalize		27, 107
裂斗錐栗	*Castanopsis fissa*	Castanopsis	276
裂縫	crack		106, 107, 119, 138, 139, 316
鄉村衰落	rural decay		179, 287
鄉城遷移	rural-urban migration		187
酢漿草	*Oxalis corniculata*	Sorrel	330
量天尺	*Hylocereus undatus*	Night-blooming Cereus	67, 68
雲母	mica		107
雲南黃素馨（雲南迎春）	*Jasminum mesnyi*	Yellow Jasmine	348
順岸漂移	longshore drift		283
黃葛樹（大葉榕）	*Ficus virens var. sublanceolata*	Big-leaved Fig	335
黃槐	*Cassia surattensis*	Sunshine Tree	88, 89
黑鳶（麻鷹）	*Milvus migrans*	Black Kite	127, 213, 367
黑臉琵鷺	*Platalea minor*	Black-faced Spoonbill	213, 215, 365

中文名	學名／正式名稱	俗名	頁數
十三畫			
亂流	turbulence		210
圓尾鱟	*Carcinoscorpius rotundicauda*	Mangrove Horseshoe Crab	357, 361
微氣候	micro-climate		163, 167, 318, 319
搬運物	load		131, 172, 283
新市鎮	new town		37, 43, 45, 46, 55, 92, 102, 145, 207, 213, 249, 253
楓香	*Liquidambar formosana*	Sweet Gum, Chinese Sweet Gum	147, 331
極地	polar region		148
溫室氣體	greenhouse gas		120, 121
溶解氧	dissolved oxygen		289
溶蝕作用	solution		110
煙霞	smog		60, 120, 220, 221, 250
煤灰	coal ash		120, 123
煤灰湖	pulverized fuel ash lagoon		119, 123
碎浪（白頭浪）	breaker		109
節肢動物	arthropod		235
節理	joint		107, 108, 112, 114, 232, 233
經線	longitude		265
腹部	opisthosoma		358, 359
落羽松	*Taxodium distichum*	Deciduous Cypress	90
葉枕	pulvinus		39
葉狀柄	phyllode		339

中文名	學名／正式名稱	俗名	頁數
葉紅素	erythrophyll		147
葉黃素	xanthophyll		147
葉綠素	chlorophyll		147
補植	reforest		150
隔火帶	firebreak		317, 340
十四畫			
厭氧	anaerobic		42, 120
滴水葉尖	drip-tip		157
漆樹	*Rhus*		320
演替	succession		157, 257, 289, 315
碳	carbon		120, 303
碳酸鈣	calcium carbonate		228
綠化	greening		66, 84, 92, 102, 335, 347
綠色經濟	green economy		150, 359
維管束	vascular bundle		57, 148
聚落	settlement		82
腐植質	humus		97, 151
臺灣相思	*Acacia confusa*	Taiwan Acacia, Acacia	249, 250, 316, 317, 337, 339, 340
蒲公英	*Taraxacum mongolicum*	Mongolian Dandelion	331
蒲桃	*Syzygium jambos*	Rose Apple	177
蒲福氏	Beaufort		109
蒸發	evaporation		27, 119, 133, 135, 141, 167, 289, 315, 342
蒸騰（蒸騰作用）	transpiration		114, 162
蓄水層	aquifer		75, 313
蜜源植物	nectar plant		253, 342, 343

中文名	學名／正式名稱	俗名	頁數
蜻蜓	dragonfly		182, 183, 184, 187, 311, 312, 354, 355, 356
蜻蜓目	*Odonata*		187, 354
酸雨	acid rain		120
酸鹼度	pH value		203, 289
酸鹼	acidity		148
銀合歡	*Leucaena leucocephala*	White Popinac	84
銀葉樹	*Heritiera littoralis*	Looking-glass Tree	48, 268, 273, 274, 279, 289
閩春蜓屬蜻蜓	*Fukienogomphus cf. prometheus*		354
鳳凰木（影樹、火鳳凰）	*Delonix regia*	Flame of the Forest	85, 87, 88, 336
十五畫			
廣東彈塗魚	*Periophthalmus modestus*	Common mudskipper	260
彈塗魚	mudskipper		20, 21, 28, 51, 52, 69, 199, 211, 267
摩氏硬度計	Mohs hardness scale		131, 132
數據缺乏	data deficient, DD		361
樟樹	*Cinnamomum camphora*	Camphor Tree	22, 23, 276, 320
樣線	transect		102
潟湖	lagoon		282, 283
熟石灰	hydrated lime		67
熱島效應	urban heat island effect		100, 102, 163
熱帶	tropical		87, 108, 152, 200, 343, 344, 348, 357

中文名	學名／正式名稱	俗名	頁數
二十二畫或以上			
灑金榕（變葉木）	*Codiaeum variegatum*	Garden Croton	348
髓質	medulla		58
鱟（馬蹄蟹）	horseshoe crab		28, 267, 357, 358, 359, 360, 361
鱟試劑	Limulus amebocyte lysate, LAL		359
鷺鳥	egret		128, 140, 213, 311
欖李	*Lumnitzera racemosa*	Lumnitzera	48
灣內沙洲	bay-bar		283
纜車徑	Tramway Path		158, 159, 160, 166
纜狀根	cable root		43
鸕鷀	*Phalacrocorax carbo*	Great Cormorant	199, 213

生態欣賞與認識

第二增訂版

編著：	梁永健
作者：	梁永健、王家智、黃文文、李賀之、周錦培、林靄詩、廖諾雯、李慧妍、羅潔玲、孫麗娜、黃筑君、楊紫荊
總編輯：	葉海旋
編輯：	李小媚
助理編輯：	葉柔柔
書籍設計：	TakeEverythingEasy Design Studio
排版：	samwong
插圖繪畫：	林言霞、文安琪、林靄詩
鳴謝：	葉海旋先生提供部分照片
	Joe Yip 提供麻鷹照片

出版：	花千樹出版有限公司
地址：	九龍深水埗元州街 290-296 號 1104 室
電郵：	info@arcadiapress.com.hk
網址：	www.arcadiapress.com.hk

印刷：	美雅印刷製本有限公司
初版：	2005 年 12 月（原書名《綠色香港——生態欣賞與認識》）
增訂版：	2009 年 12 月
第二增訂版：	2020 年 7 月
ISBN：	978-988-8484-58-4